Discovery
EDUCATION

# 맛있는 과학

디스커버리 에듀케이션
맛있는 과학-12 전기

1판 1쇄 발행 | 2012. 1. 27.
1판 7쇄 발행 | 2023. 12. 11.

**발행처** 김영사
**발행인** 고세규
**등록번호** 제 406-2003-036호
**등록일자** 1979. 5. 17.
**주소** 경기도 파주시 문발로 197(우10881)
**전화** 마케팅부 031-955-3100 편집부 031-955-3113~20
**팩스** 031-955-3111



값은 표지에 있습니다.
ISBN 978-89-349-5446-0 64400
ISBN 978-89-349-5254-1 (세트)

좋은 독자가 좋은 책을 만듭니다.
김영사는 독자 여러분의 의견에 항상 귀 기울이고 있습니다.
전자우편 book@gimmyoung.com | 홈페이지 www.gimmyoungjr.com

**어린이제품 안전특별법에 의한 표시사항**
**제품명** 도서 **제조년월일** 2023년 12월 11일 **제조사명** 김영사 **주소** 10881 경기도 파주시 문발로 197
**전화번호** 031-955-3100 **제조국명** 대한민국 ⚠**주의** 책 모서리에 찍히거나 책장에 베이지 않게 조심하세요.

최고의 어린이 과학 콘텐츠

디스커버리 에듀케이션 정식 계약판!

# Discovery EDUCATION

# 맛있는 과학

## 12 | 전기

심영미 지음 | 백수정 그림 | 류지윤 외 감수

주니어김영사

# 차례

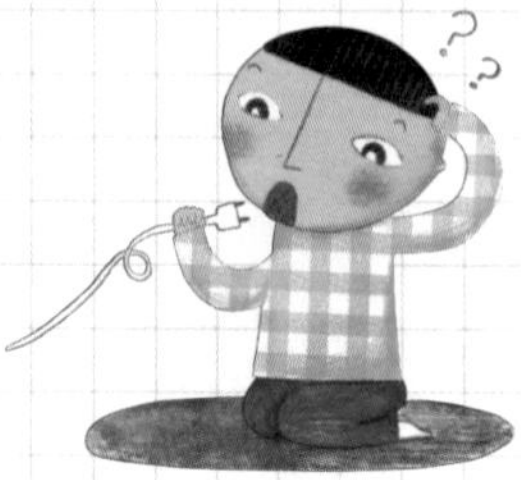

## 1. 전기란?


전기의 발견 8

전자와 전하 11

TIP 요건 몰랐지? 전기하면 떠오르는 인물 '패러데이' 16

도체와 부도체 18

전류 20

TIP 요건 몰랐지? 직렬과 병렬에 대해 좀 더 알아보아요 28

Q&A 꼭 알고 넘어가자! 30


## 2. 생활 속의 전기

세상을 밝히는 전구 34

번개의 원리 37

TIP 요건 몰랐지? 전선 위의 새가 감전되지 않는 이유 40

전기뱀장어와 도깨비불 42

TIP 요건 몰랐지? 레몬에서 찌릿찌릿 전기가 통한다고요? 47

전기 안전하게 쓰기 48

Q&A 꼭 알고 넘어가자! 50

## 3. 전기의 친구 자기


자기란 무엇일까요? 54

자석은 왜 철을 끌어당길까요? 59

나침반 바늘의 N극이 북쪽을 가리키는 이유 62

TIP 요건 몰랐지? 자석을 계속 자르면 어떻게 될까요? 67

Q&A 꼭 알고 넘어가자! 68


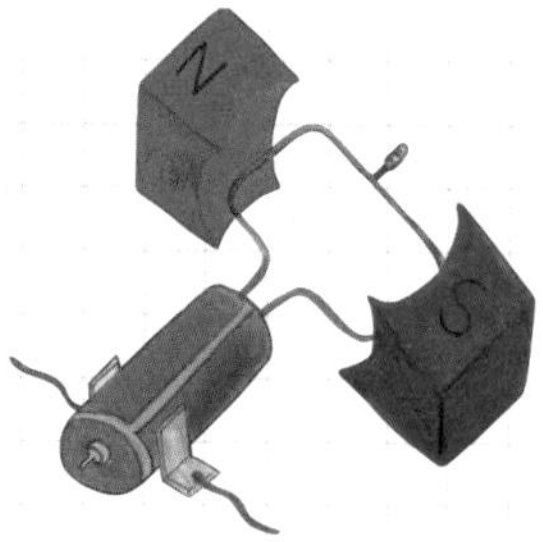


## 4. 생활에 꼭 필요한 자기

자기부상열차는 자석의 원리로 움직여요 72

태양 폭발이 일어나면 어떻게 될까요? 75

전동기의 원리는 무엇일까요? 78

TIP 요건 몰랐지? 플레밍의 쌍권총 법칙 80

TIP 요건 몰랐지? 존 플레밍 82

스피커와 마이크도 자석으로 만들어요 83

Q&A 꼭 알고 넘어가자! 86


## 5. 전기를 만드는 발전의 원리


자연의 힘으로 전기 만들기 90

TIP 요건 몰랐지? 풍력발전의 장점 94

물을 끓여 전기 만들기 96

Q&A 꼭 알고 넘어가자! 98

**관련 교과**

중학교 1학년 9. 정전기

중학교 2학년 2. 물질의 구성

# 1. 전기란?

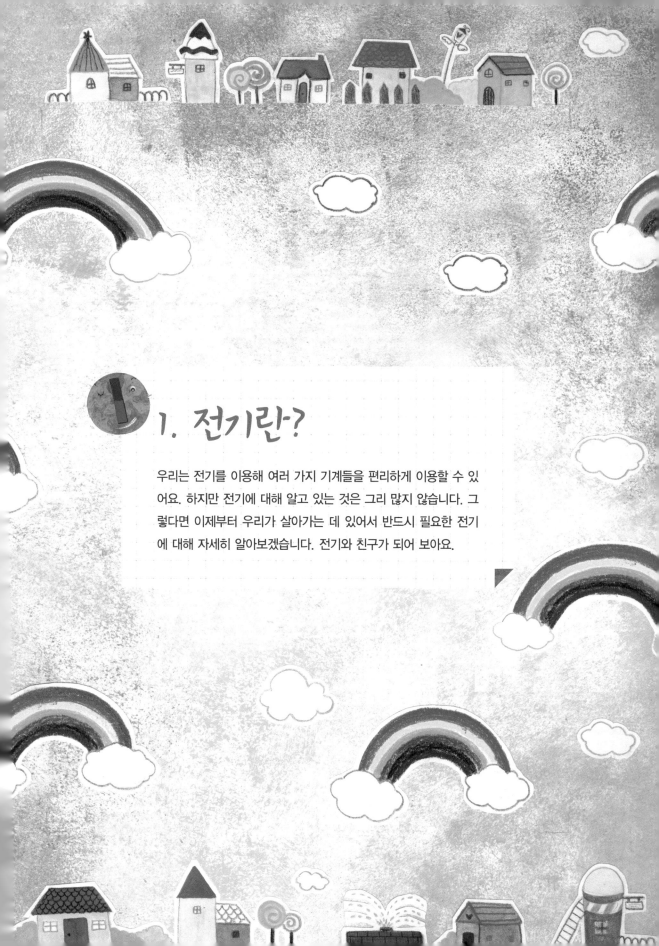

우리는 전기를 이용해 여러 가지 기계들을 편리하게 이용할 수 있어요. 하지만 전기에 대해 알고 있는 것은 그리 많지 않습니다. 그렇다면 이제부터 우리가 살아가는 데 있어서 반드시 필요한 전기에 대해 자세히 알아보겠습니다. 전기와 친구가 되어 보아요.

# 전기의 발견

우리는 더울 때 선풍기나 에어컨을 켜고, 추울 때는 히터를 켜요. 음식물을 오랫동안 신선하게 유지하기 위해 냉장고를 사용하고, 어두운 곳을 밝히기 위해 형광등이나 전구를 이용합니다. 뿐만 아니라 우리는 컴퓨터, 텔레비전, 라디오, 휴대 전화 등 생활 곳곳에서 전기에 의존하는 장치들을 많이 사용합니다. 또한 전기는 무지개, 오로라, 번개를 만드는 힘의 근원이 되기도 해요. 이처럼 우리는 전기를 자연스럽고 익숙하게 사용하고 있습니다.

우리 생활과 밀접한 관계를 맺고 있는 전기. 그렇다면 전기는 누가 처음 발견했을까요? 여러분 중에 '호박'을 아는 사람은 손들어 보세요! 아마 대

왼쪽이 채소 호박이고 오른쪽이 광물 호박이다. 짙은 색을 띠는 반투명 또는 투명한 광물 호박은 보석 재료로서의 가치를 지닌다.

부분의 친구들은 먹는 호박을 생각했을 거예요.

광물 중에도 '호박'이 있다는 것을 알고 있나요? 우리가 못생긴 사람을 빗대서 '호박같이 생겼다'라고 표현하는 것과 달리 광물 중에는 색깔이 예쁜 '호박'이라는 보석이 있습니다. 호박은 소나무의 송진이 땅속으로 흘러들어 돌처럼 굳어진 광물이에요. 빛깔이 아름다워 옛날 사람들이 목걸이나 반지로 만들어 사용했습니다. 전기는 바로 이 호박이라는 보석에 의해 발견되었어요.

기원전 600년경, 그리스에서 탈레스라는 철학자가 보석 호박을 닦아 광채를 냈어요. 그러고는 책상 위에 올려 놓았습니다. 그런데 그때 이상한 일

**탈레스**
Thales of Miletus

BC 6세기에 활동한 그리스의 철학자예요. 물이 모든 물질의 본질이라는 데 기초한 우주론과 BC 585년 5월 28일에 일어난 일식을 예언한 것으로 유명합니다. 탈레스는 세계의 기원을 신화적 요소 없이 순수하게 자연에 기초해 설명한 최초의 인물이었어요.

이 벌어졌어요. 책상 위에 올려 놓은 호박에 먼지와 실 등이 달라붙는 것이었습니다. 탈레스는 이러한 현상이 전기에 의한 힘 때문에 일어난다는 것을 알지 못했어요. '호박에 생명이 있는 것은 아닐까?' '호박에 신비한 힘이 있는 것은 아닐까?' 하는 의문만 들 뿐이었습니다. 그 뒤 여러 과학자가 호박을 연구해 전기적인 힘이 호박에 먼지와 실 등이 달라붙게 한다는 사실을 알아냈어요.

전기가 호박을 통해 발견되었다는 것은 어원에서도 알 수 있어요. 영어로 전기를 뜻하는 'Electricity'는 그리스어로 호박을 뜻하는 'Electron'에서 유래되었습니다.

많은 사람들이 연구를 거듭해 전기의 성질과 특성을 밝혀낸 덕분에 현재 우리는 여러 가지 방법으로 전기를 사용하고 있습니다. 전기가 어떻게 발견되었는지 알았으니 지금부터는 전기의 성질에 대해 알아볼까요?

# 전자와 전하

더운 여름날, 선풍기를 사용하려면 어떻게 해야 할까요? 우선 콘센트를 연결해 전기를 흘려보내야 합니다. 그렇다면 전기가 선풍기를 돌게 해 바람을 일으키는 것일까요? 아니에요. 선풍기를 돌리고, 형광등을 켜고, 전철을 움직이는 등의 일은 주로 '전자'가 한답니다. 전자는 무엇이기에 이런 일들을 할 수 있는 걸까요?

전자를 알려면 먼저 '원자'를 알아야 합니다. 어떤 물질을 쪼개고 쪼개

**전자**

(-)전하를 가지고 있는, 질량이 아주 작은 입자예요. 모든 물질의 구성 요소입니다.

**원자핵**

원자의 중심부를 이루는 입자예요. 양자와 중성자가 강한 핵력으로 결합한 것으로 원자의 대부분을 차지하고, (+)전하를 가지고 있어요.

다가 더 이상 쪼갤 수 없는 작은 입자가 됐을 때, 이 입자를 원자라고 해요. 물론 지금은 과학의 발전으로 원자보다 더 작은 입자도 있고, 원자도 쪼갤 수 있다는 것이 밝혀졌지만 원자는 굉장히 작습니다. 눈으로 볼 수 없을 정도로 작아서 원자의 구조 역시 알아내기가 어려웠지요. 하지만 과학자들이 여러 가지 실험을 통해 전자가 원자핵을 중심으로 자유롭게 돌아다닌다는 사실을 밝혀냈습니다. 지구를 중심으로 달이 도는 것처럼 말이에요.

■ 과학적 이론을 통한 원자모형의 발전 과정

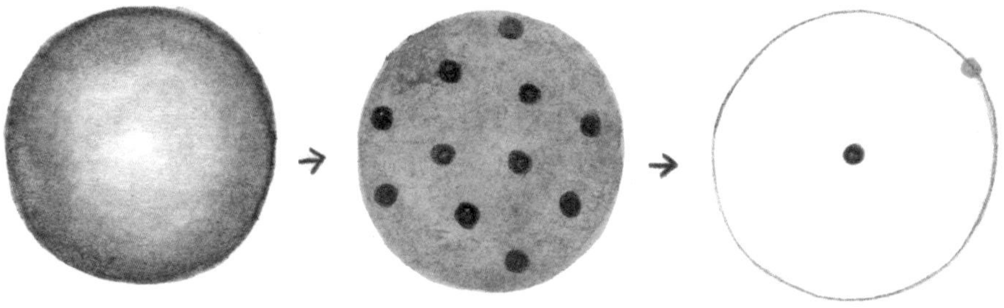

돌턴의 모형(1807년) 톰슨의 모형(1904년) 러더퍼드의 모형 (1911년)

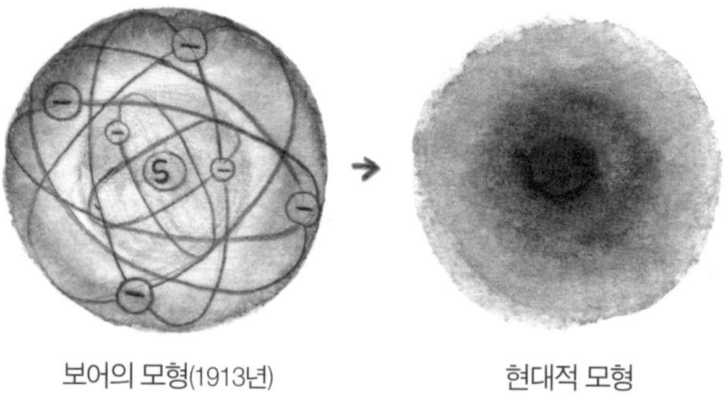

보어의 모형(1913년) 현대적 모형

원자핵은 전자에 비해 무거워서 움직일 수가 없습니다. 반면에 전자는 가벼워서 자유롭게 움직일 수 있어요. 이러한 전자를 '자유전자'라고 합니다. 여기서 원자핵은 (+)전하를 띠고, 자유전자는 (-)전하를 띠어요. (+)전하와 (-)전하는 서로 당기는 성질이 있어서 원자핵과 자유전자는 서로 당기게 됩니다. 그런데 (+)전하와 (-)전하는 무엇일까요?

**자유전자**

진공이나 물질 속에서 외부로부터 힘을 받는 일 없이 자유롭게 떠돌아다니는 전자를 말해요. 금속이 열이나 전기를 전도시키는 현상은 금속 안 자유전자의 움직임으로 설명할 수 있어요.

전하는 물체가 띠고 있는 정전기의 양을 말합니다. 같은 부호의 전하 사이에는 미는 힘이 작용하고, 다른 부호의 전하 사이에는 끄는 힘이 작용해요. 공간의 한 점에 집중되어 있는 것을 점전하라고 하고, 점전하가 이동하는 현상을 전류라고 합니다. 학교에서 집으로 돌아온 우리 몸에는 온갖 전

기들이 가득 달려 있어요. 이 상태로 문손잡이를 잡았는데, 이런! 정전기가 일어났습니다. 우리의 몸이 전하를 지니고 있어 전기를 이동시켰기 때문이에요. 정전기나 전류뿐만 아니라 모든 전기현상은 전하에 의해 일어납다.

전하는 (+)전하와 (-)전하로 분리되어 존재합니다. 예를 들어 볼게요. 우리가 소금이라고 부르는 염화나트륨(NaCl)은 나트륨(Na)과 염소(Cl)의 화합물입니다. 염화나트륨은 물에 녹으면 나트륨 이온(Na+)과 염산 이온(Cl-)으로 분리돼요. 나트륨 원자는 전자를 잃어서 (+)전하를 갖게 되고, 염소 원자는 전자를 얻어서 (-)전하를 갖게 됩니다. 이때 (+)전극과 (-)전극을 꽂아 주면 어떻게 될까요? (+)전하를 지닌 나트륨 이온은 (-)극 쪽으로 이끌리고, (-)전하를 지닌 염화 이온은 (+)극 쪽으로 이끌립니다.

**나트륨**

알칼리 금속원소의 하나예요. 원소기호 Na, 녹는점 섭씨 97.9℃, 끓는점 섭씨 877.5℃인 원소입니다.

**염소**

염소는 할로겐원소로서 독성이 강해 주로 소독할 때 사용합니다.

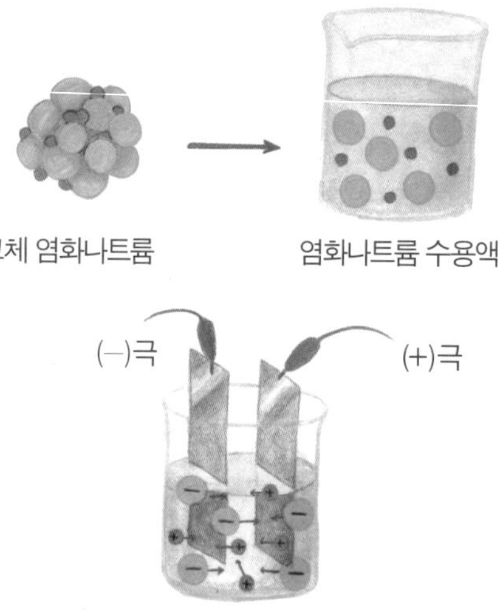

염화나트륨을 물에 녹인 다음 전극을 꽂으면 나트륨은 Na+, 염소는 Cl-가 돼.

또 다른 전하 분리 현상을 알아볼게요. 금속 한쪽에 (+)전하를 띤 물체를 가까이 가져가면 금속에서는 전하 분리 현상이 일어납니다. (+)전하를 띤 물체를 가져간 쪽으로 금속 내부의 전자들이 몰리고 핵은 운동성이 없어서 제자리에 머무르게 돼요. 따라서 상대적으로 전자가 많이 몰린 쪽은 (-)전하를 띠게 되고, 전자를 빼앗긴 쪽은 (+)전하를 띠게 됩니다.

어떤 전하의 전기력이 미치는 공간을 전기장이라고 하는데, 전기장의 크기와 전기력이 작용하는 방향을 선으로 나타낸 것을 전기력선이라고 합니다. 전기력선은 전기장 안에 한 개의 (+)전하가 놓여 있을 때 전하가 받는 힘의 방향을 선으로 그려서 나타냅니다.

전하는 서로 힘을 가하는데 같은 전하끼리는 미는 힘인 척력이 작용해요. 서로 다른 전하끼리는 당기는 힘인 인력이 작용합니다. 그래서 전기력선은 (+)전하에서 나와서 (-)전하로 들어가는 모습으로 그려집니다. (+)전하 한 개가 (+)전하 옆에 있으면 척력을 받아 밀려나는데, (+)전하로부터 멀어지다가 (-)전하와 가까워지면 인력이 작용해 (-)전하 쪽으로 끌려가기 때문이지요.

■ 여러 가지 전기력선

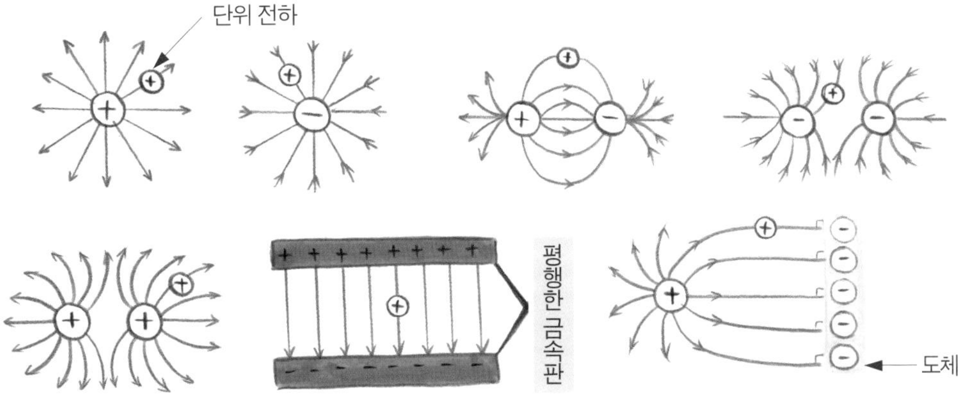

TIP 요건 몰랐지?

# 전기하면 떠오르는 인물 '패러데이'

아래의 그림을 보면 코일이 그려져 있죠? 코일은 나사 모양이나 원통 모양으로 여러 번 감은 도선을 말해요. 코일에 전류를 통하게 해 강한 전자기장을 만든답니다. 코일의 처음 상태는 아무 변화도 없는 눈에 보이는 코일 그 자체예요. 여기에 전구를 연결해도 전구에는 불이 들어오지 않습니다. 하지만 자석을 코일 속에 넣었다가 빼면 신기한 일이 일어나요. 전구에 불이 들어온답니다!

이 원리는 발전의 원리와 같은 '유도기전력'이라는 것이에요. 처음 보는 개념이라 어렵게 느껴질 수도 있지만 생각보다 간단해요. '기전력'이란 전류를 흘릴 수 있는 힘이 생기는 것을 말합니다. 기전력을 한자로 풀이하면 뜻을 더욱 쉽게 이해할 수 있어요. 일으킬 기(起), 전기 전(電), 힘 력(力). 전기를 일으키는 힘을 말합니다.

그렇다면 유도기전력에서 기전력 앞에 유도라는 말이 붙는 이유는 무엇일까요? 코일에 전구를 연결한 후 자석을 움직이지 않으면 전구에 불이 들어오지 않지만 자석을 움직이면

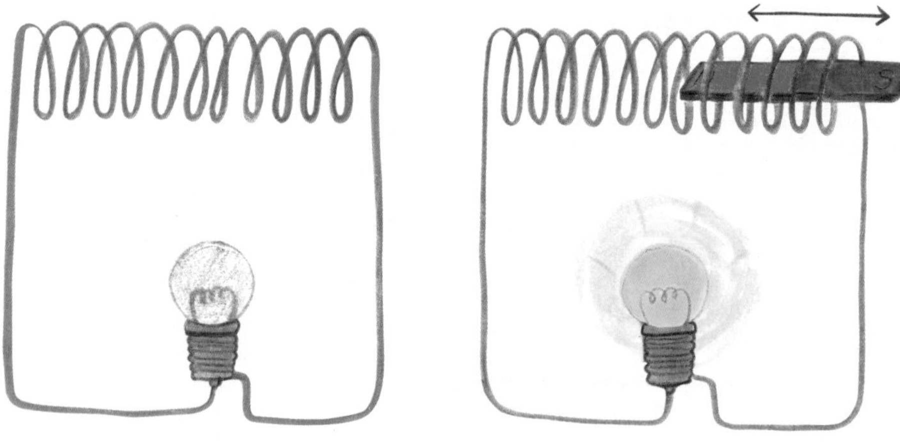

전구에 불이 들어옵니다. 이처럼 처음에는 없던 기전력이 자석의 움직임에 의해 생기는 것을 어려운 말로 '유도'되었다고 해요. 그래서 기전력 앞에 유도라는 말을 붙여 유도기전력이라고 합니다.

도선에 흐르는 전류의 크기는 코일에 감긴 전선의 수와 코일을 통과하는 자기장의 시간당 변화율에 비례하는데, 시간당 변화율은 달리기를 생각하면 돼요. 10초에 1m를 가는 것과 10초에 100m를 가는 것을 비교했을 때 어느 쪽이 더 큰 변화가 있을까요? 당연히 10초에 100m를 가는 것이 더 큰 변화가 있겠죠? 이처럼 자석을 코일 속에 넣었다가 뺄 때 빨리 넣었다가 빼는 경우가 더 큰 변화가 생겼다고 볼 수 있습니다. 이러한 실험을 통해 식을 정리한 사람이 패러데이에요. 그래서 이것을 패러데이 법칙이라고 한답니다.

패러데이.

**마이클 패러데이**

Michael Faraday, 1791~1867

영국의 화학자·물리학자예요. 왕립연구소의 실험 조수로 과학자의 경력을 쌓기 시작하며 압력을 이용한 기체 액화법과 전기분해 법칙을 발견했습니다. 오늘날 전동기와 발전기의 기초가 되는 전자기 회전 현상과 전자기 유도 현상을 발견했어요. 이후 전기와 자기 작용이 공간에 펼쳐진 힘의 선을 따라 점진적으로 전달된다는 장 개념을 발전시킴으로써, 현대 전자기장 이론의 기초를 마련했답니다.

## 도체와 부도체

앞에서 자유전자는 진공이나 물질 속에서 외부로부터 힘을 받는 일 없이 자유롭게 떠돌아다닌다고 배웠어요. 그렇다면 자유전자는 모든 물체에서 자유롭게 떠돌아다닐 수 있을까요? 그럴 수 없답니다.

물체는 '도체' 와 '부도체' 로 나눌 수 있는데, 도체는 전기가 잘 통하는 물질을 말하고 부도체는 전기가 잘 통하지 않는 물질을 말합니다. 도체와

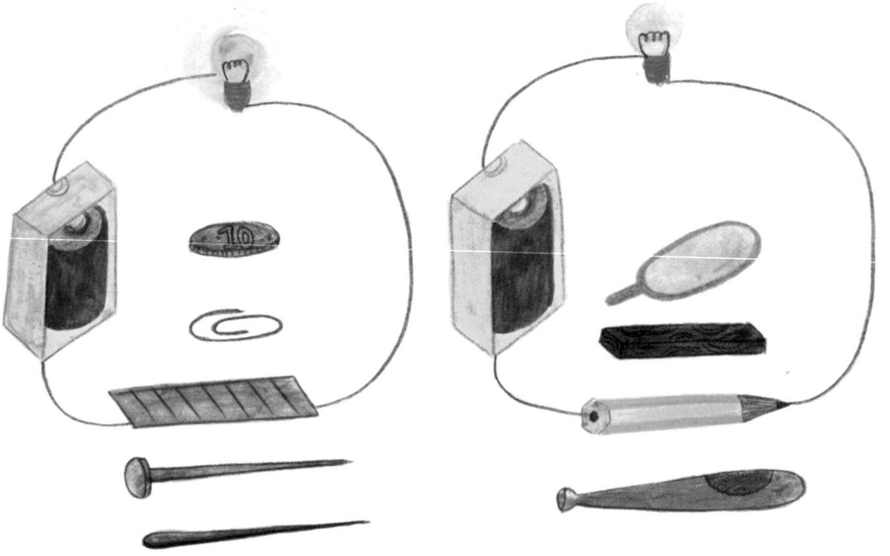


바늘이나 못 등 금속으로 만들어진 물체는 전기가 잘 통한다. 거울이나 연필, 야구방망이 등 유리나 나무, 고무로 만들어진 물체는 전기가 통하지 않는다.

부도체를 결정하는 것이 바로 자유전자예요.

전자와 핵은 서로 당긴다는 것을 앞에서 배웠습니다. 이 당기는 힘은 거리가 멀수록 약해지지만 핵에서 멀리 떨어져 있는 전자들은 핵의 힘에서 벗어나 자유롭게 움직일 수 있답니다. 자유전자가 많은 물질은 도체가 되고, 전기도 잘 통하게 되는 것이지요. 금, 은, 구리, 알루미늄과 같은 물질이 자유전자들이 많은 물질입니다. 자유전자가 도체를 이동하면서 여러 가지 전기 현상들을 만들게 된답니다.

부도체는 이와 다릅니다. 부도체는 핵의 당기는 힘이 강한 위치에 전자들이 많아서 핵이 전자들을 못 빠져나가게 꽉 잡고 있어요. 그래서 전자들이 자유롭게 이동하지 못하고, 전기도 통하지 않아요. 자유롭게 떠돌아다니는 전자들이 많은 물질은 도체, 그렇지 않은 물질은 부도체라는 것, 이제 알겠죠?

# 전류

도체에는 어떻게 전기가 흐를까요?

모든 물질이 원자로 이루어져 있다는 것, 기억하나요? 원자는 핵과 전자로 나누어지는데, 그중 핵은 (+)전하를 띠고, 전자는 (-)전하를 띠어요. 핵은 전자에 비해 굉장히 무겁습니다. 비교를 하자면 산과 돌멩이 정도라고 할까요? 그래서 산처럼 큰 핵은 움직일 수 없고, 돌멩이처럼 작은 전자는 자유롭게 움직일 수 있습니다. 그리고 (-)전하는 (-)전하가 많은 곳에서 적은 곳으로 흐르는데, 이것을 '전류'라고 해요.

**전류**

전하가 연속적으로 이동하는 현상을 말해요. 크기는 단위 시간당 통과하는 전기량으로 표시합니다.

전자가 움직이면서 전기를 흐르게 하는 원리는 무엇일까요? 예를 들어, 크고 작은 돌멩이가 많은 산에서 돌 한 개가 굴러 떨어지기 시작할 때 이 돌은 산 위에 쌓여 있던 돌들과 부딪히면서 내려옵니다. 부딪힌 돌들이 연쇄반응으로 다른 돌들과 부딪혀 내려오면서 산사태가 발생합니다. 여기서 돌멩이를 전자라고 한다면 산사태는 전류가 발생하는 것이라고 할 수 있습니다.

전자도 마찬가지예요. 한 개의 전자가 출발해 앞에 있던 전자를 만나 밀어 낼 때 밀려 나간 전자는 연쇄반응으로 또 다른 전자를 밀어내게 돼요. 그

러다 보면 반응의 속도가 점점 빨라져 아주 멀리 있는 전자들까지 밀어내게 됩니다. 이렇듯 한 개가 아닌 많은 수의 전자들이 움직이면서 밀어내는 연쇄반응을 전기가 흐른다고 합니다.

(+)전하를 띤 핵은 항상 고정되어 있고 (-)전하를 띤 전자만 움직인다는 것을 기억하지요? 전류는 전자가 많은 곳에서 적은 곳으로 이동한다는 것도 배웠습니다. 그런데 보통 전류는 (+)극에서 (-)극으로 흐른다고 합니다. 왜 그런 것일까요?

보통 더하기(+) 기호는 많거나 높은 것을 나타낼 때 쓰고, 빼기(-) 기호는 부족하거나 낮은 것을 나타낼 때 쓰입니다. 그리고 사람들은 당연히 전자도 높은 곳에서 낮은 곳, 즉 (+)극에서 (-)극으로 흐른다고 생각했습니다. 하지만 과학자들은 전자가 많은 곳에서 적은 곳으로 흐른다는 사실을 발견했습니다. 그리고 전자가 많은 곳은 (-)극이라는 사실도 알게 되었습니다. 결국 사람들이 알고 있던 방향과 반대로 전자가 흐른다는 사실을 알아낸 것이지요.

전자가 흐르는 방향을 알아냈지만 사람들은 쉽게 생각을 바꾸지 못했습니다. 전류는 높은 곳에서 낮은 곳, 즉 (+)극에서 (-)극으로 흐른다는 생각에 너무 익숙해져 있었기 때문이죠. 또한, 전류의 세기를 계산하는 공식도 모두 전류의 방향을 (+)극에서 (-)극으로 사용하고 있었어요. 그래서 더욱 생각을 바꾸기가 힘들었답니다. 그래서 전자는 (-)극에서 (+)극으로 이동한다는 이론과 전류는 (+)극에서 (-)극으로 이동한다는 두 가지 이론을 모두 사용하고 있답니다.

습도가 낮은 겨울이 되면 반갑지 않은 불청객이 찾아와요. 친구와 악수

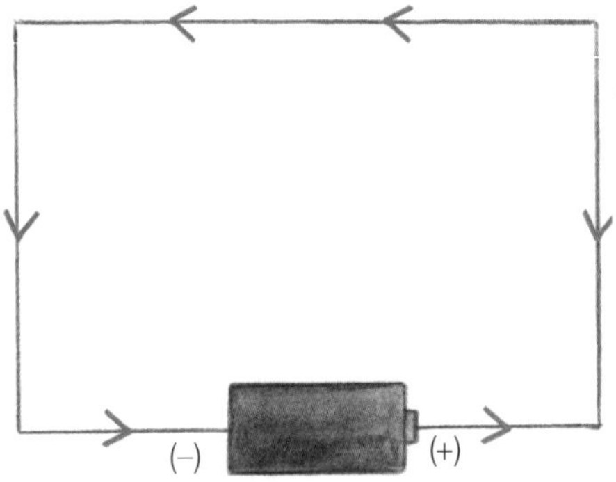

전자의 이동 방향

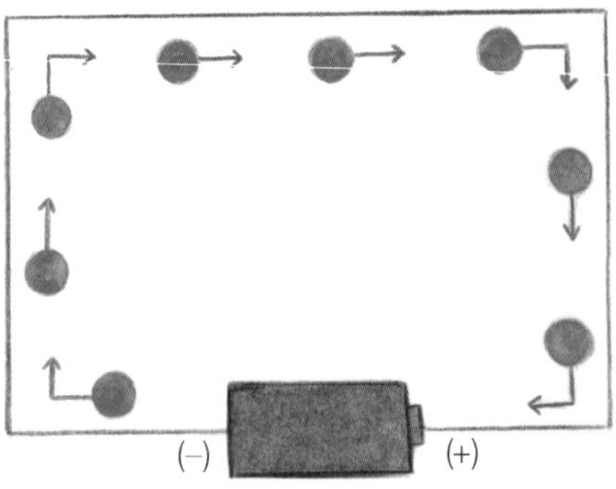

사람들이 생각한 전류의 이동 방향

정전기의 전압은 5,000V가 넘지만 전류가 거의 흐르지 않기 때문에 사람에게 위험하지 않다.

를 할 때, 스웨터를 벗을 때, 플라스틱으로 된 빗으로 머리를 빗을 때 찌지직거리며 무엇인가가 우리들을 괴롭힙니다.

우리를 괴롭히는 것의 정체는 바로 '정전기'예요. 정전기는 흔히 성가신 존재라고 생각할 수도 있지만 알고 보면 생활에서 많은 도움을 주는 고마운 친구입니다. 그러면 정전기가 무엇인지 알아볼까요?

전자와 핵은 서로 당기면서 달이 지구를 도는 것처럼 전자가 핵 주위를

### 마찰

한 물체가 다른 물체와 접촉한 상태에서 움직이기 시작할 때 또는 움직이고 있을 때 그 접촉면에서 운동을 막으려고 하는 현상을 말해요.

돕니다. 하지만 외부에서 전자에 에너지를 공급하면 전자는 핵으로부터 탈출할 수 있습니다.

두 물체를 마찰시키면 마찰에 의해 열에너지가 발생하게 되는데, 손을 비비면 손에서 열이 발생하는 것과 같은 원리입니다. 바로 이러한 열에너지가 전자를 탈출할 수 있게 하는 에너지가 됩니다. 마찰시킨 물체에서 전자가 탈출하면 물체는 전자를 잃고 (+)전하를 띠게

됩니다. 그리고 다른 물체는 탈출한 전자를 받아들여 (-)전하를 띠게 돼요. 이와 같이 전기를 띠게 되는 것을 '대전'되었다고 합니다. 다시 말해, 대전이라고 하는 것은 중성 상태에 있던 물체가 외부의 에너지에 의해서 전하량의 균형이 깨지게 되어 (-)전하 또는 (+)전하를 띠게 되는 현상을 말합니다.

보통 움직이지 않는 물체에서는 (+)전하와 (-)전하 역시 흐르지 않는 상태로 정지해 있어요. 이때 정지한 전기를 '정전기'라고 부릅니다. 이 둘을 붙이면 둘 다 중성으로 돌아가요. 그런데 이 둘을 붙이지 않고 가까이하면 공기 중에서도 전자가 이동합니다. 이때 강력한 에너지가 발생하고, 번쩍이는 불빛도 볼 수 있어요. 이것을 정전기 현상이라고 부른답니다. 하지만 공기 중에 습도가 많으면 물이 전자를 빼앗아가서 다시 중성이 돼요. 그래서 정전기는 습도가 높은 여름에는 잘 생기지 않고, 건조한 겨울철에 많이 발생합니다.

건전지로 달리는 미니카를 빠르게 또는 오래 달리게 하려면 어떻게 해야 할까요? 이것의 비밀은 건전지를 연결하는 방법에 있답니다. 건전지를 연결하는 방법은 직렬연결과 병렬연결이 있습니다. 이 두 가지 연결 방법에 대해 알아볼까요?

직렬연결이란 두 개 이상의 전지를 일렬로 잇는 방법을 말해요. 즉, '(+)극 → (-)극 → (+)극 → (-)극 → (+)극 → (-)극 → ……'의 방식으로 이어 나가는 연결 방법을 말합니다. 전지를 직렬로 연결하면 높은 전압을 얻을 수 있어요.

**전압**

물이 높은 곳에서 낮은 곳으로 흐르는 것처럼 전하는 전위가 높은 곳에서 낮은 곳으로 이동합니다. 이때 전위의 차이가 바로 전압이에요. 단위는 볼트(V)입니다.

직렬연결

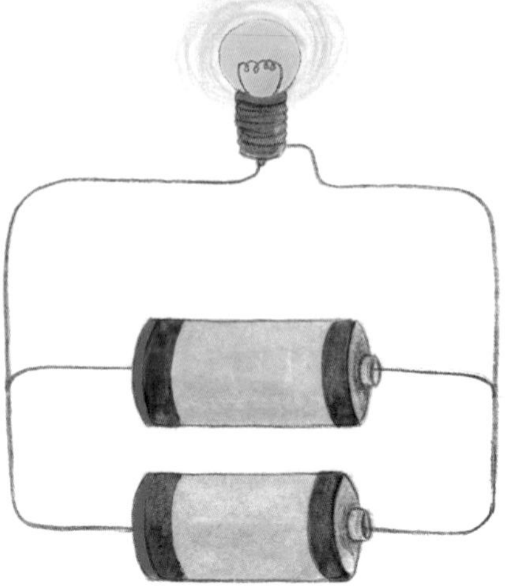
병렬연결

직렬연결에서 전압은 전지의 개수와 비례합니다. 예를 들어 1.5V짜리 건전지 세 개를 직렬로 연결시키면 4.5V가 되죠. 하지만 직렬연결의 경우 전지를 아무리 많이 연결해도 사용할 수 있는 시간은 전지 한 개를 연결했을 때와 같습니다. 전압만 개수에 비례해서 높아질 뿐이에요. 직렬연결은 미니카를 오래 달리게 할 수는 없지만 빨리 달리게 할 수 있고, 전구의 불을 더 밝게 할 수 있답니다.

이번에는 병렬연결에 대해 알아볼게요. 병렬연결이란 여러 개의 전지를 나란히 이어 놓은 방법을 말합니다. (+)극은 (+)극끼리, (-)극은 (-)극끼리 연결하는 방법이에요. 병렬연결의 경우 전지를 아무리 많이 연결해도 전압은 한 개를 연결했을 때와 같습니다. 하지만 전지의 사용 시간은 전지의 개수만큼 길어집니다. 직렬연결과는 반대죠?

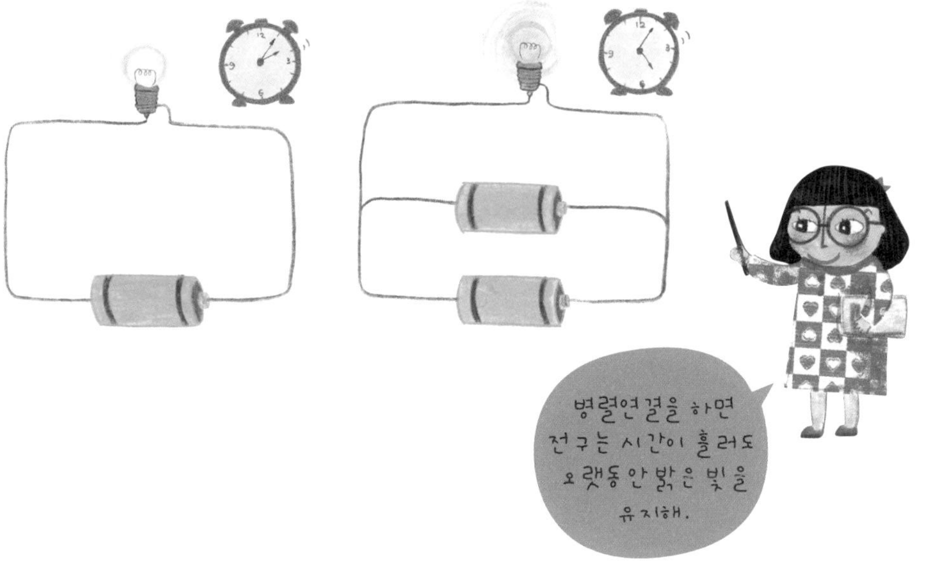


이러한 직렬연결과 병렬연결의 특징을 잘 고려해서 높은 전압이 필요할 때는 직렬연결을, 오랜 시간 전기가 필요할 때는 병렬연결을 이용하면 된답니다.

TIP 요건 몰랐지?

# 직렬과 병렬에 대해 좀 더 알아보아요

직렬연결은 병렬연결보다 밝은 불빛을 낼 수 있고, 병렬연결은 직렬연결보다 더 오랫동안 불빛을 낼 수 있어요. 좀 더 쉽게 설명해 보겠습니다.

물레방아는 물이 떨어지는 힘을 이용해서 움직입니다. 같은 양의 물을 물레방아 1m높이와 2m 높이에서 각각 떨어뜨린다면, 어느 높이에서 떨어뜨릴 때 물레방아가 더 빠르게 돌아갈까요?

2m 높이에서 떨어뜨릴 때 물레방아가 더 빠르게 돌아갑니다. 이런 원리를 적용해서 설명하면, 직렬연결은 떨어지는 물의 높이를 높여 주는 것과 같아요. 예를 들어 두 개의 전지를 직렬로 연결하는 것은 물을 2m의 높이에서 떨어뜨리는 것과 같습니다. 세 개의 전지를 직렬로 연결하면 물을 3m 높이에서 떨어뜨리는 것과 같습니다. 더 높은 곳에서 물을 떨어

뜨릴수록 물레방아가 더 빠르게 회전하는 원리는 전지를 직렬로 많이 연결할수록 전구의 불빛이 강해지는 직렬연결의 원리와 같습니다.

그렇다면 병렬연결은 어떻게 직렬연결보다 더 오랫동안 불빛을 낼 수 있는지 살펴보겠습니다. 이번에는 물레방아에 떨어뜨리는 물의 양에 변화를 줄 거예요. 500 $l$ 와 1,000 $l$ 의 물을 각각 같은 높이에서 떨어뜨리면, 물레방아는 어떻게 될까요?

1,000 $l$ 의 물을 모두 떨어뜨리려면 500 $l$ 의 물을 떨어뜨릴 때보다 시간이 더 많이 걸립니다. 그렇기 때문에 많은 양의 물을 떨어뜨린 물레방아가 더 오랫동안 회전할 수 있어요. 하지만 물레방아가 돌아가는 빠르기는 차이가 없습니다. 이 실험에서 물의 양을 늘리는 것은 병렬로 연결하는 전지의 개수를 늘리는 것과 같아요. 500 $l$ 의 물을 전지 하나라고 생각한다면 두 개의 전지를 병렬로 연결하는 것은 1,000 $l$ 의 물을 떨어뜨리는 것과 같습니다. 세 개의 전지를 병렬로 연결하는 것은 어떨까요? 1,500 $l$ 물을 떨어뜨리는 것과 같습니다. 이러한 원리로 많은 양의 전지를 병렬연결하면 더 오랫동안 전구를 밝힐 수 있습니다.

같은 높이에서
떨어뜨리는 물의 양을 늘리면
물레방아가 더 오래
돌아가.

## Q&A 꼭 알고 넘어가자!

**문제 1** 우리가 살아가는 데 있어서 반드시 필요한 전기! 전기는 어떻게 발견하게 되었을까요?

**문제 2** 도체는 무엇이고, 부도체는 무엇일까요?

는 힘이 강한 곳에 많이 위치하고 있어요. 그래서 전자들이 자유롭게 이동하지 못하고, 전기도 통하지 않게 됩니다.

3. 보통 움직이지 않는 물체에서는 (+)전하와 (−)전하 모두 흐르지 않는 상태로 정지해 있어요. 이때 정지한 전기를 '정전기'라고 부릅니다. 이 둘을 붙이면 둘 다 중성으로 돌아가요. 그런데 이 둘을 붙이지 않고 가까이하면 공기 중에서도 전자가 이동합니다. 이때 강력한 에너지가 발생하고, 번쩍이는 불빛도 볼 수 있어요. 이것을 정전기 현상이라고 부른답니다. 하지만 공기 중에 습도가 높으면 물 분자가 전자를 빼앗아가서 다시 중성이 돼요. 그래서 정전기는 습도가 높은 여름철에는 잘 생기지 않고, 건조한 겨울철에 많이 발생합니다.

**문제 3** 스웨터를 벗을 때, 플라스틱으로 된 빗으로 머리를 빗을 때 찌지직거리며 무엇인가가 우리를 괴롭힙니다. 이것의 정체는 무엇이고, 어떻게 발생하는 것일까요?

**정답**

1. 기원전 600년 경 그리스에서 탈레스라는 철학자가 보석 호박을 닦아 빛을 내어 책상 위에 올려놓았습니다. 그런데 책상 위에 올려놓은 호박에 먼지와 실 같은 것들이 달라붙기 시작했어요. 탈레스는 그것이 전기라는 것을 알지 못했어요. 하지만 왜 그런 현상이 일어나는지에 대해서 의문을 품게 됐고, 이 의문을 여러 과학자가 연구하게 되면서 전기를 발견하게 됐습니다.

2. 전자와 핵은 서로 당기는 힘을 갖고 있습니다. 당기는 힘은 거리가 멀수록 약해져요. 하지만 핵에서 멀리 떨어져 있는 전자들은 핵의 힘에서 벗어나 자유롭게 움직일 수 있답니다. 자유로운 전자가 많은 물질은 도체가 되고, 전기도 잘 통합니다. 부도체는 전기가 잘 통하지 않는 물질을 말합니다. 부도체는 전자들이 핵의 당기

관련 교과

초등 5학년 1학기 **2. 전기 회로**
초등 5학년 2학기 **6. 전기 회로 꾸미기**

# 2. 생활 속의 전기

전기는 때로 우리의 생명을 위협해요. 구름과 대지 사이에서 전기의 방전이 일어나 번쩍이는 번개는 위험한 전기입니다. 하지만 잘만 사용하면 전기는 우리의 생활을 편리하게 만들어 주는 이로운 존재예요. 그렇다면 우리가 생활 속에서 사용하고 있는 전기는 어떤 원리를 이용한 것인지 알아보겠습니다.

# 세상을 밝히는 전구

전구는 발명왕 에디슨이 1,000번도 넘는 실패의 결과로 만들어 낸 아주 유용한 발명품이에요. 탄소 막대기의 양쪽에 전기를 연결하면 탄소 막대기가 열을 내면서 빛을 내는데, 전구는 이러한 원리를 이용해 만들었습니다.

탄소 막대기는 공기 중에 쉽게 타서 없어지는 성질이 있어요. 이러한 성질을 막기 위해 진공 볼 속에 탄소 막대기를 넣은 것이 최초의 전구랍니다. 당시에는 지금의 텅스텐 필라멘트가 아닌 대나무의 줄기 안쪽 단단한 부분을 태워 만든 탄소 막대기 필라멘트였어요. 에디슨은 필라멘트 재료로 대나무가 적합하다고 생각하여 세계 여러 곳에 있는 대나무 산지에 사람을 보내 재료를 모아들이기도 했습니다.

이후 탄소 막대기에서 텅스텐으로 필라멘트의 재료가 바뀌었고, 진공 상태에서 아르곤과 질소 가스를 충전시키는 방법으로 발전되었습니다. 아르곤과 질소 가스는 금속이 부식되는 것을 억제시켜 주거든요.

**토머스 에디슨**
Thomas Alva Edison, 1847~1931

미국의 발명가예요. 특허수가 1,000종을 넘어서 '발명왕'이라고도 불립니다. 일곱 살 때 초등학교에 들어갔지만 3개월 만에 퇴학을 당해서 주로 어머니한테서 교육을 받았어요. 집이 가난해 신문이나 과자를 팔면서도 시간을 절약해 가며 실험에 열중했다고 합니다. 에디슨이 발명한 것 중에서 특히 위대한 것은 전구예요. 에디슨은 거듭된 연구 끝에 40시간 이상이나 계속해서 빛을 내는 전구를 만들어 내는 데 성공했습니다. 끊임없이 연구하고 창조하는 그의 발명가 정신은 지금도 우리에게 많은 교훈을 주고 있답니다.

**진공 볼**

내부 진공 상태인 공을 말해요. 보통은 유리로 만든답니다.

■ 전구의 구조

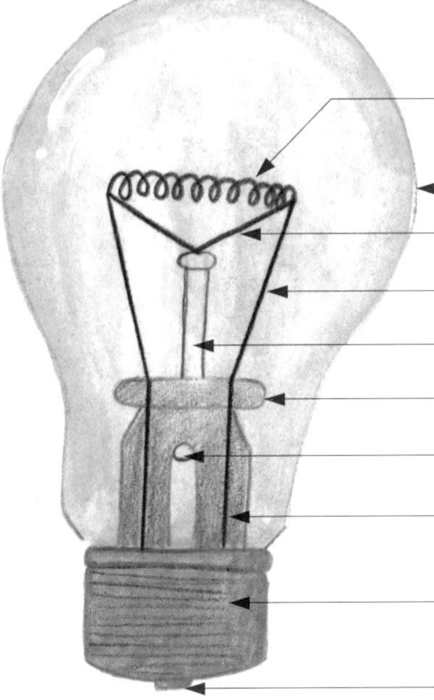


전구를 보면 알 수 있듯이 전기는 빛을 만들어 냅니다. 뿐만 아니라 열과 힘, 바람 등 다양한 것들을 만들 수 있어요. 우리가 자주 타고 다니는 전동차, 지하철 등도 모두 전기로 움직인답니다. 그리고 전기로 움직이는 자동차도 있는데, 이것을 전기 자동차라고 합니다.

전기 자동차는 1873년 가솔린 자동차보다 먼저 제작됐지만 배터리가 무겁고, 충전하는 데 시간이 오래 걸리는 문제 때문에 널리 사용되지 못했어요. 그러다가 공해 문제가 심각해지면서 다시 개발되고 있습니다. 전기 자동

### 텅스텐

굳고 단단하고, 흰색이나 회색을 띤 금속입니다. 순수한 것은 잘 늘어나고 녹이 슬지 않아요. 녹는점은 섭씨 3,400℃로 금속 가운데 가장 높습니다.

### 필라멘트

전구·전자관 속에 있는 가는 금속선으로 전류를 흘려 주면 빛과 열을 방출합니다.

### 아르곤

빛깔과 냄새가 없는 원소입니다. 지구 대기의 약 0.93%를 차지하는 기체 원소로 전구를 만들거나 용접을 할 때 사용됩니다.

### 질소

빛깔도 냄새도 맛도 없고, 공기의 약 5분의 4를 차지하는 원소입니다. 보통 질소 분자는 화학 반응을 일으키기 어렵지만 높은 온도에서는 다른 원소와 화합해 화합물을 만듭니다. 비료, 질산 등을 만드는 데 쓰여요.

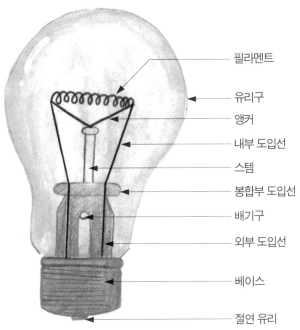

전동차와 전기 자동차, 지하철 모두 전기를 사용해 움직인다.

차는 배기가스가 전혀 없고, 소음이 아주 작다는 장점을 가지고 있어요. 선진국에서는 전기 자동차를 사용할 수 있도록 정부 차원에서 많은 지원을 하고 있습니다. 이렇듯 전기는 아주 많은 곳에서 쓰이고 있어요.

# 번개의 원리

비가 올 때 '우르릉! 쾅쾅!' 하는 소리와 함께 시퍼런 빛이 하늘에서 번쩍이는 것을 본 적 있나요? 옛날에는 이런 모습을 보고 "하늘이 화가 났다"고 말하고는 했습니다. 하지만 이제는 누구나 "번개가 친다"라고 말합니다. 번개는 무엇이고 어떻게 생기는 것일까요?

번개가 치는 것도 과학입니다. 서로 다른 전기를 띠고 있는 구름과 지면, 또는 구름 내부에서 발생하는 거대한 불꽃 방전을 번개라고 해요. 그리고 방전할 때 생기는 열에 의해 순간적으로 가열된 공기층이 갑자기 팽창할 때 나타나는 현상을 천둥이라고 합니다.

구름 아래쪽 부분은 (-)전하를 띠고 지면은 (+)전하를 띱니다. 서로 다른 전기를 띠고 있기 때문에 구름과 지면 사이에는 커다랗게 당기는 힘인 인력이 작용해요. 그 힘이 형성되면 구름 속에 있는 (-)극을 띤 전자는 (+)극을 띤 지면을 향해 빠르게 이동합니다. 이때 전자가 이동하는 과정에서 공기 분자와 충돌하면서 내는 빛이 바로 번개입니다.

번개의 전압은 수억 V에 달하고, 주위를 섭씨 30,000℃로 만들 만큼 엄청난 열을 발생시켜요. 이런 번개가 사람에게 직접적으로 닿는다면 위험하겠죠? 그래서 번개가 칠 때는 정말 조심해야 합니다.

텔레비전에서 나무에 번개가 쳐서 나무가 반으로 쪼개지는 것을 본 적

있나요? 이처럼 번개는 매우 위험합니다. 그래서 번개를 피할 수 있도록 길쭉하고 뾰족하게 생긴 피뢰침을 만들었습니다. 그렇다면 피뢰침은 어떤 원리로 번개를 없애는 것일까요?

구름 아래쪽 부분에 (-)전하가 모이고 지면에 (+)전하가 모였을 때, 전자가 지면으로 빠르게 끌려 내려가면서 번개가 칠 때 전자들은 진행 방향에서 가장 가까운 구조물을 노립니다. 그래서 번개는 지상의 구조물 중에서 가장 높이 솟아 있는 것을 때립니다. 이러한 번개의 성질을 이용해서 번개를 유인하는 것이 바로 피뢰침입니다.

피뢰침은 고층 건물 꼭대기에 길게 설치해 번개를 유도합니다. 피뢰침은 땅과 닿아 있기 때문에 피뢰침으로 떨어진 번개는 바로 땅으로 들어가 사라집니다. 번개가 칠 때 나무 아래로 피하거나 평지에서 우산을 쓰고 있으면 안 되는 이유는 높고 뾰족한 것을 노리는 번개의 성질 때문입니다. 또 물은 전기가 잘 통하는 물질 중의 하나입니다. 따라서 야외에서 수영을 하거나 보트를 타는 일은 번개를 유도할 수 있으므로 매우 위험합니다. 주변보다 높이 있는 물체는 번개를 유도할 확률이 큽니다. 움푹 파인 곳은 비교적 안전하다고 할 수 있습니다.

번개가 치면 높은 곳의 피뢰침이 번개를 끌어당겨 안전하게 땅바닥으로 유도한다.

TIP 요건 몰랐지?

# 전선 위의 새가 감전되지 않는 이유

전기는 우리의 생활을 편리하게 만들지만 때로는 우리의 생명을 위험하게 만들기도 합니다. 특히 번개나 고압선처럼 높은 전압이 흐르는 전기일 경우에는 더욱 그렇지요. 여러분은 전선 위에 새가 앉아 있는 것을 본 적이 있죠? 그렇다면 새는 왜 높은 전압이 흐르는 전선 위에서 감전되지 않고 멀쩡한 것일까요?

전류가 흐르기 위해서는 전압이 있어야 합니다. 전압은 전류가 흐르도록 해 주는 힘이라고 생각하면 돼요. 새가 전깃줄에 앉아 있어도 괜찮은 이유는 바로 이 전압 때문이에요.

전류는 전기에너지가 높은 쪽에서 낮은 쪽으로 흐르는데, 만약 두 곳의 에너지가 똑같다면 전류는 흐르지 않습니다. 높은 곳도 낮은 곳도 없어서 어느 쪽으로 흘러야 할지 몰라 가만히 있는 것입니다.

전깃줄의 새는 두 발을 하나의 전선에 나란히 얹고 있어요. 이때, 새의 두 발 사이에는 전압 차이가 없기 때문에 전류가 흐르지 않습니다. 하지만 전압 차이가 다른 전선이 아주 가까이에 있어서 새가 두 발을 각각 다른 고압선에 얹는다면 상황은 달라집니다. 다른 고압선에 발을 딛는 순간 새의 몸에 어마어마하게 강한 전류가 흘러서 새는 죽고 말 거예요.

전깃줄의 새는 두 발을 같은 전선 위에 얹고 있다. 두 발 사이의 전압 차이가 없기 때문에 전류가 흐르지 않는다.

## 전기뱀장어와 도깨비불

전기를 만드는 물고기가 있다는 이야기를 들어본 적 있나요? 전기를 만드는 물고기로는 전기뱀장어, 전기메기, 전기가오리 등이 있습니다. 이런 물고기들을 '발전어'라고 하는데, 발전어가 전기를 만드는 이유는 바로 사냥을 하기 위해서입니다. 대표적으로 전기뱀장어는 이빨이 날카롭지도 않고 눈도 좋지 않아요. 그래서 사냥감이 나타나면 높은 전압을 물에 흘려서 사냥감을 기절시킨 다음 잡아먹는답니다.

전기뱀장어는 남미의 아마존 강 늪지대에 서식하는 대표적인 발전어이다. 진흙 바닥의 조용한 물을 좋아하고 연안의 늪, 시냇물 등에서 자주 발견된다.

전기뱀장어는 아마존 강 깊숙한 곳에서 살고 있어요. 길이가 2m가 넘는 것도 많습니다. 전기뱀장어는 약 800V의 전기를 발전시켜요. 전기뱀장어가 만들어 낸 전기 때문에 아마존 강에서 목욕을 하다가 다치는 사람이 해마다 생길 정도라고 합니다. 그래서 원주민들은 강을 건널

때 먼저 말을 건너게 한대요. 말이 안전하게 건너면 그제야 안심을 하고 강을 건넙니다.

그렇다면 발전어는 어떻게 해서 높은 전압의 전기를 만들어 내는 것일까요? 동물의 몸속에는 이온이 많이 들어 있는데, 이온의 분포나 이동이 고르지 않으면 (-)전하가 분리되면서 전압이 생깁니다. 발전어는 이러한 원리를 이용해 전기를 만들어요.

**이온**

전하를 띠는 원자 또는 원자단을 말해요. 전기적으로 중성인 원자가 전자를 잃으면 (+)전하를, 전자를 얻게 되면 (-)전하를 가진 이온이 됩니다.

전기뱀장어의 몸속에는 전기를 일으키는 약 5,000개의 발전판이 연결되어 발전기관을 이루고 있습니다. 한 개의 발전판에서 약 0.15V의 전압을 만들 수 있으니, 어마어마한 전류를 흐르게 할 수 있는 것이죠. 이 때문에 전기뱀장어는 날카로운 이빨도 없고 시력도 좋지 않지만 물속에서만큼은 굉장히 위험한 존재랍니다.

항해 중인 배의 돛대에 수상쩍은 불이 나타났어요. 선원들은 그 불을 '세인트 엘모의 불'이라고 불렀습니다. 이 불이 나타나면 선원들은 나쁜 일이 일어날 징조라고 여기고는 모두 공포로 부들부들 떨었어요. 며칠 내로 태풍이 몰려와 배는 난파되고 자신들은 바다 깊숙한 곳으로 끌려 들어갈 것이라고 수군거렸어요.

세인트 엘모의 불은 엘모라는 프랑스 신부의 이름에서 유래됐습니다. 세인트 엘모란 '성 엘모'라는 의미인데, 엘모 신부는 매일 밤마다 양초를 켜고 정처 없이 거리를 헤매고 다녔다고 합니다. 마을 사람들은 이 양초의 불빛을 세인트 엘모의 불이라고 불렀다고 해요. 세인트 엘모의 불에 대해서는 다른 설도 있어요. 3세기경 이탈리아 포르미아 지방의 주교였던 성 에라스무스의 이름에서 유래되었다는 설이에요. 성 에라스무스는 뱃사람들의 수호성인이어서, 지중해의 선원들은 세인트 엘모의 불이 나타나면 성 에라스무스가 그들을 보살펴 줄 것이라고 생각했대요.

그러면 선원들이 본 세인트 엘모의 불은 어떻게 발생했던 것일까요? 세인트 엘모의 불은 저기압으로 대기가 불안정하고, 지상의 전압이 크게 변할 때 생기는 발광 현상이에요. 보통 대기 중에도 여러 원인으로 이온화되어 있는 기체가 있기 때문에 미세한 양이지만 전기가 존재해요. 그리고 맑은 날 지표면 근처에서는 높이 1m당 100V의 전압이 생깁니다. 그런데 갑자기 저기압이 다가오면 전압이 수만 V로 치솟게 돼요. 이때 철사처럼 날카로운 끝을 가진 물체에서는 갑자기 생긴 높은 전압 때문에 방전 현상이 발생해요. 이것이 세인트 엘모의 불이 생기는 원리입니다.

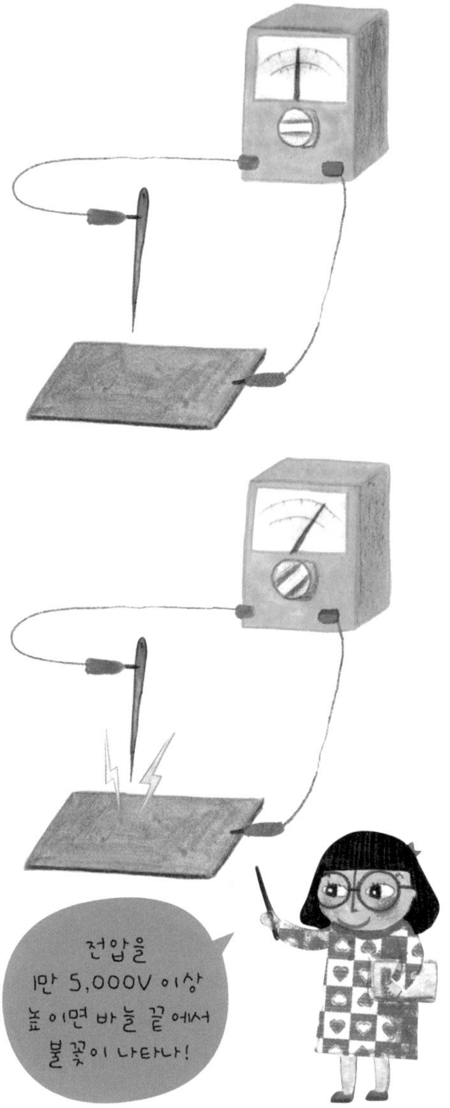
전압을
1만 5,000V 이상
높이면 바늘 끝에서
불꽃이 나타나!

이러한 사실은 실험을 통해서도 알 수 있습니다. 넓은 동판 위에 끝이 날카로운 바늘을 가까이 둡니다. 바늘에는 (+), 동판에는 (-)의 전기를 가하고, 전압을 1만 5,000 V 이상으로 높이면 바늘 끝에서

푸르스름한 불꽃이 나타나고 희미한 소리가 납니다.

반딧불이는 빛을 내는 기관을 배마디 끝에 가지고 있다. 반딧불이의 빛은 보통 노란색 또는 황록색이다.

옛날 사람들이 도깨비불이라고 불렀던 이상한 불빛도 세인트 엘모의 불과 같은 것이라고 생각하면 됩니다. 도깨비불의 경우 여러 개의 불들이 나란히 줄 서 있는 것처럼 보이는데, 이것은 공기 중에서 빛이 여러 번 굴절했기 때문에 생기는 현상이랍니다. 또 다른 자연적인 현상을 보고 도깨비불이라고 하는 경우도 있어요. 반딧불이가 빛을 내는 모습, 빛을 내는 박테리아가 민들레 씨앗에 붙어 다니는 모습, 빛을 내는 박테리아가 붙은 먹이를 새나 박쥐가 물고 날아다니는 모습을 보고 도깨비불이라고 하는 경우가 있습니다. 이처럼 도깨비불은 자연적인 현상으로 일어납니다. 이제 이상한 불빛이 도깨비처럼 춤을 추듯 움직여도 무섭지 않겠죠?

TIP 요건 몰랐지?

# 레몬에서 찌릿찌릿 전기가 통한다고요?

레몬에 아연판과 구리판 두 개를 꽂고 전구를 연결하면 전구에 불이 켜집니다. 건전지도 아닌 레몬에 전구를 연결했는데 어떻게 불이 켜질까요?

물체는 원자로 이루어져 있고, 원자 안에는 양성자와 전자가 있어요. 전자는 움직이기 쉬운 성질을 지녔습니다. 이러한 전자의 움직임을 전기라고 하고, 전기가 흐르는 것을 전류라고 해요. 전기를 통하게 해 주는 물질은 전도체라고 합니다. 건전지를 살펴볼까요? 건전지는 전기에너지를 저장하고 있는 저장 물체입니다. (+)극과 (-)극으로 이루어져 있고, 양극에 전기를 통하게 해 주는 전도체를 가져다 대면 전기가 흐릅니다.

그러면 이제 레몬 전지 만드는 실험을 해 볼까요? 레몬을 잘라 두 조각으로 만든 다음 즙이 나오게 합니다. 각 레몬 조각에 구리판과 아연판을 하나씩 꽂습니다. 집게와 전선을 이용해 레몬 조각과 전구를 아래 그림처럼 연결하면 전구에 불이 들어와요. 레몬의 맛은 시죠? 바로 산성 때문입니다. 산성 용액과 만나면 아연은 전자를 잃고, 구리는 전자를 얻는 성질이 있어요. 그래서 레몬 조각에 아연판과 구리판을 꽂으면 아연판에서 나온 전자가 구리판 쪽으로 이동하게 됩니다. 구리판은 (+)극이 되고, 아연판은 (-)극이 되어서 전류가 흐르는 것이지요.

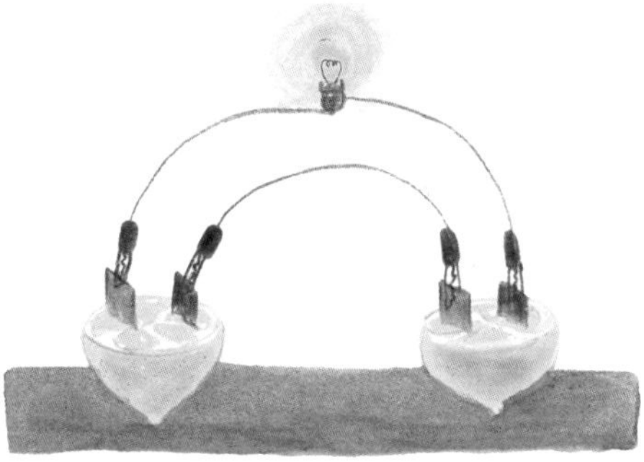

## 전기 안전하게 쓰기

전기는 우리의 일상생활을 편리하게 만들어 주었어요. 하지만 전기를 안전하게 사용하지 않으면 재산과 생명을 순식간에 잃을 수도 있습니다. 그래서 전기를 사용할 때는 항상 안전을 생각하며 조심해야 해요. 특히 겨울철에는 난방을 위해 전기 히터 등 각종 전열 기기를 사용하는 경우가 많은데, 건조한 날씨 때문에 다른 계절에 비해 전기 화재가 많이 발생합니다. 이러한 전기 재해로부터 재산과 생명을 지키기 위해 일상생활에서 지켜야 할 겨울철 전기 재해 예방 요령에 대해 알아보겠습니다.

사용한 후에는 반드시 전원을 끄고, 콘센트에서 플러그까지 빼 놓는 것이 현명한 사용 방법이다.

선풍기 등 여름철에 사용했던 전기 제품을 그냥 두면 배선이 발에 밟히거나 무거운 물건과 부딪혀 전선의 피복이 벗겨져 전기 화재 또는 감전의 요인이 됩니다. 그러므로 콘센트에서 플러그를 뽑아 전선을 정리하고, 다음 해에 안전하게 사용할 수 있도록 잘 보관해 둬야 해요.

겨울철에 많이 사용하는 전기난로, 전기 온풍기 등 전열 기기는 사용하기 전에 플러그가 파손되지는 않았는지, 전선의 피복이 손상되지 않았는지, 온도 조절 장치 등이 정상적으로 작동하는지를 점검해야 합니다. 특히 전열 기기가 넘어지는 경우 전원이 차단되는 장치가 있는 제품은 반드시 전원 차단 장치가 제대로 작동하는지를 확인해야 해요. 이상이 있는 경우에는 가전제품 제작 업체나 수리 업체에 의뢰해 수리한 후 사용해야 합니다.

사용하지 않는 전기 제품의 플러그를 뽑으면 에너지를 절약할 수 있을 뿐만 아니라 온실가스도 줄일 수 있다.

전열 기기는 전력 소모가 많아 한 개의 콘센트에 여러 개의 전열 기기를 꽂고 사용하면 합선 사고가 발생할 수 있어요. 콘센트 용량에 알맞게 전열 기기를 사용해야 재해를 예방할 수 있습니다. 또한 전열 기기 사용 중에는 불에 잘 타는 물질을 가까이 두거나 사용하지 않아야 해요. 전기 재해로부터 재산과 생명을 보호하기 위해서는 무엇보다도 우리 스스로가 전기 안전을 습관화해야 합니다.

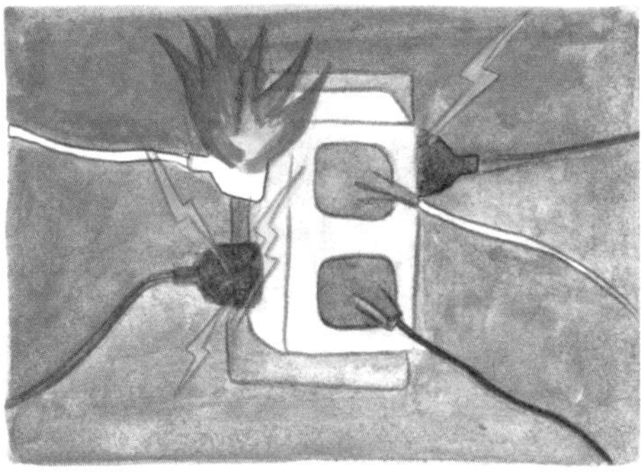

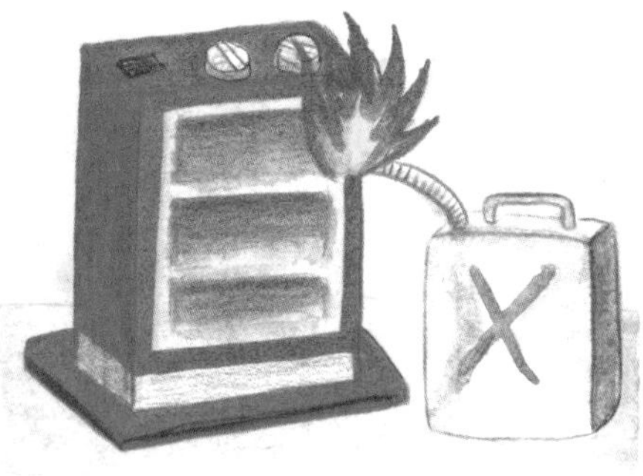

## Q&A 꼭 알고 넘어가자!

**문제 1** 전구의 원리를 설명해 볼까요?

**문제 2** 번개는 왜 생길까요?

3. 발전어에는 전기뱀장어, 전기메기, 전기가오리 등이 있어요. 발전어는 높은 전압의 전기를 만들어 냅니다. 동물의 몸속에는 이온이 많이 들어 있습니다. 이온의 분포나 이동이 고르지 않으면 (−)전하가 분리되면서 전압이 생겨요. 발전어는 이러한 원리로 전기를 만들어 냅니다.

**문제 3** 발전어의 종류에는 어떤 것들이 있고, 어떻게 전기를 만들어 내는지 설명해 볼까요?

## 정답

1. 전구는 탄소막대기의 양쪽에 전기를 주었을 때 탄소막대기가 열을 내면서 빛을 내는 현상에서 생각해 낸 발명품입니다. 그런데 탄소막대기는 공기 중에서 쉽게 타서 없어지는 성질이 있어요. 그래서 진공 속에 탄소막대기를 넣었는데, 이것이 최초의 전구랍니다.

2. 구름 하부는 (−)전하를 띠고 지면은 (+)전하를 띱니다. 서로 다른 전기를 띠고 있기 때문에 구름과 지면 사이에는 커다랗게 당기는 힘인 인력이 작용해요. 그 힘이 형성되면 구름 속에 있는 (−)극을 띤 전자는 (+)극을 띤 지면을 향해 빠르게 이동합니다. 이때 전자가 이동하는 과정에서 공기 분자와 충돌하면서 내는 빛이 바로 번개입니다.

관련 교과

초등 3학년 1학기 **2. 자석의 성질**
초등 6학년 1학기 **5. 자기장**

# 3. 전기의 친구 자기

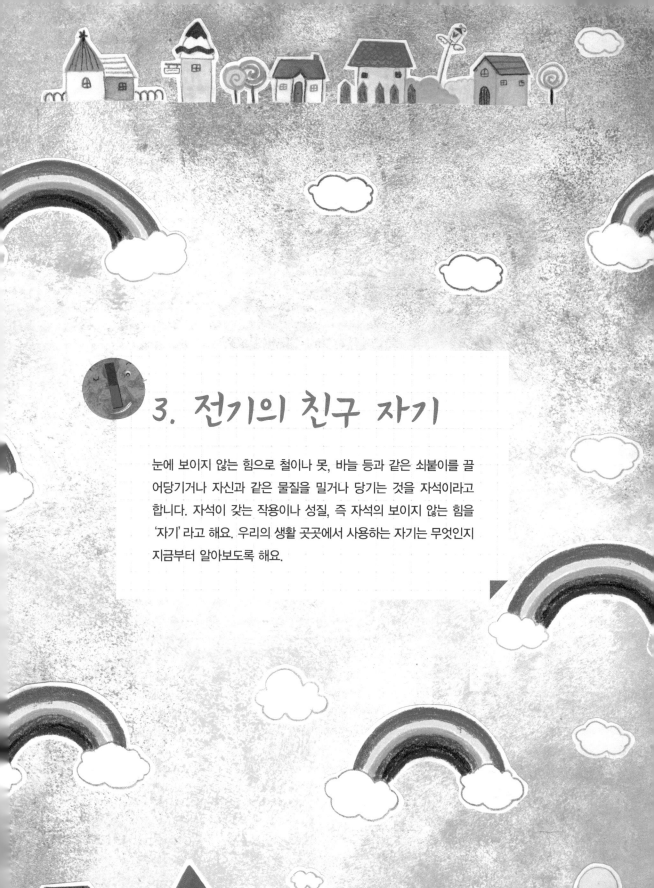

눈에 보이지 않는 힘으로 철이나 못, 바늘 등과 같은 쇠붙이를 끌어당기거나 자신과 같은 물질을 밀거나 당기는 것을 자석이라고 합니다. 자석이 갖는 작용이나 성질, 즉 자석의 보이지 않는 힘을 '자기'라고 해요. 우리의 생활 곳곳에서 사용하는 자기는 무엇인지 지금부터 알아보도록 해요.

## 자기란 무엇일까요?

자석이 쇳조각을 끌어당기거나 전류에 작용을 미치는 성질을 자기라고 합니다. 마찰전기의 인력도 자기의 하나입니다. 자석은 우리가 사용하는 전기 기기나 기계에 많이 사용됩니다. 그렇다면 자석은 누가 처음 발견했고, 언제부터 사용했을까요?

**자성**

물질이 나타내는 자기적인 성질을 말합니다. 물체가 외부에서 가해지는 자기장에 반응하는 상태에 따라 강자성체, 반자성체, 상자성체 등으로 나뉘어요.

자석은 외부 자기장에 의한 자성에 따라 일시자석과 영구자석으로 나눌 수 있습니다. 일시자석은 전자석의 철심과 같이 외부 자기장을 제거하면 자성이 없어지고, 영구자석은 일단 자성을 가지면 외부 자기장을 제거해도 오랜 시간 자성을 가지고 있습니다. 자석을 형태에 따라 나누면 막대 모양으로 만든 막대자석, U 자 모양의 말굽자석 등이 있습니다. 이 밖에도 소형의 영구자석을 수평면에서 자유롭게 회전할 수 있게 한, 나침반의 자침이 있어요.

자석에는 쇠못이나 클립, 바늘처럼 철로 이뤄진 물체만 붙는다.

자석이 쇠를 끌어당기는 성질을 가지고 있다는 것은 오래 전부터 알려진 사실입니다. 자석을 뜻하는 영어인 마그넷(magnet)은 옛날 자철석의 산지였던 소아시아 서쪽 지역의 마그네시아(magnesia)라는 지명에서 유래됐어요. 중국에서는 자석(慈石)이라고 썼는데, 철이 자석에 붙는 것이 갓난아이가 자모(慈母, 사랑이 많은 어머니)를 따르는 것과 같기 때문이라고 합니다.

자석이 남북을 가리킨다는 사실은 중국에서 가장 먼저 발견됐어요. 이러한 발견으로 중국에서는 바늘에 자성을 부여하는 방법과 그것을 자침으로 활용하는 방법을 생각해 냈습니다. 간단한 것으로는 자침을 실로 매달거나 손톱 위에 올려놓는 방법이 있어요. 이보다 더 발전된 방법은 가벼운 나무로 물고기 모양을 만들어 물고기 배 속에 자침을 넣어 물에 띄운 것이 있습니다. 이 자침은 풍수가들이

**자침**

중앙 부분을 수평 방향으로 자유롭게 회전할 수 있도록 한 작은 영구자석을 말해요. 자기장의 방향을 알아내는 데 쓰입니다.

**자철석**

철의 중요한 원료입니다. 검은색을 띠며 금속광택이 있고, 광물 가운데 자성이 가장 강해서 중요한 제철 원료로 쓰인답니다.

### 윌리엄 길버트
William Gilbert, 1544~1603

처음으로 자성을 연구한 과학자입니다. 엘리자베스 1세의 통치 기간 동안 영국 과학계에서 가장 뛰어난 인물이었어요. 몇 년간의 실험 끝에 나침반의 침이 남북을 가리키고 침의 끝이 아래로 처지는 것은 지구가 하나의 자석 구실을 하기 때문이라고 결론을 내렸습니다. 전기인력·전기력·자극이라는 용어를 처음으로 사용해 전기학의 아버지로 불리기도 합니다.

집을 지을 땅이나 묏자리를 고를 때 사용했어요. 그리고 1100년 전후부터는 항해에 사용되기 시작했습니다. 당시 중국에 왔던 아라비아 상인들에게 자침이 알려졌고, 결국 유럽의 선원들에게까지 알려졌습니다. 이후 자석을 사용해서 배의 항로를 결정했다고 합니다.

13세기 네덜란드의 학자 페토로스 페레그리누스는 자석의 성질, 즉 남극과 북극을 가리키는 것 외에도 같은 극끼리는 서로 밀고 다른 극끼리는 서로 당긴다는 것을 알아냈어요. 이를 체계적으로 실험한 사람은 갈릴레이와 같은 시대에 활약한 영국의 과학자 윌리엄 길버트였는데, 길버트는 여러 가지

물질 가운데서 마찰에 의해서 물건을 달라붙게 하는 성질을 가지는 것과 가지지 않는 것을 조사했습니다. 그는 작은 공 모양의 자석을 만들어 그 위에 자침을 올려놓고 실험을 했어요. 그 결과 우리가 살고 있는 지구 자체가 커다란 자석이라는 사실을 알아냈습니다.

1820년 인공 자석이 만들어지기 전까지는 천연자석을 사용했어요. 인공 자석이라고 해도 지금 우리가 쓰는 영구자석과는 거리가 먼 연철과 탄소강을 자석으로 사용했습니다.

당시에 자석은 주로 동서남북을 가리키는 자침으로 사용했어요. 그래서 너무 강한 자력까지는 필요가 없었습니다. 그 후

**연철**

탄소 함유량 0.01% 이하의 무른 철이에요. 자기를 띠기도 쉽지만 잃기도 쉽습니다. 전자기 재료로 쓰여요.

**탄소강**

탄소 함유량이 2% 이하인 강철이에요. 성질은 탄소 함유량에 따라 다르며 가공하기 쉽습니다. 값이 싸 볼트나 너트 등에 널리 쓰여요.

### 자력

자석이나 전류끼리 또는 자석과 전류가 서로 끌어당기거나 밀어 냄으로써 서로에게 미치는 힘을 말합니다.

### 크롬

은백색의 광택이 나는 단단한 금속입니다. 염산과 황산에는 녹지만 공기 중에서는 녹이 슬지 않고 약품에 잘 견뎌서 도금이나 합금 재료로 널리 쓰여요.

여러 과학자들의 연구에 의해 자석이 동서남북을 가리키는 것뿐만 아니라 전기에너지, 운동에너지를 발생시키는 원인이라는 것을 알게 됐어요. 자석을 다른 용도로 쓰기 위해서는 강한 자석이 필요했고, 자석의 재료도 크롬, 강철 등을 사용했습니다. 이러한 끊임없는 개발을 통해 자석은 오늘날 우리가 사용하는 수많은 자석으로 만들어졌고, 딱딱한 자석이 아닌, 휘어지는 자석까지도 탄생하게 됐습니다.

# 자석은 왜 철을 끌어당길까요?

자석 하면 떠오르는 것이 철이나 쇠붙이를 끌어당기는 성질입니다. 이렇게 철을 끌어당기는 힘을 자력이라고 하고, 끌어당기는 성질을 자성이라고 해요. 자성을 가진 물질을 자성체라고 하는데, 자석은 자성체가 일정한 방향으로 고정되어 있어서 자성을 지녀요. 그런데 일반적인 철에도 원자 하나 하나에 자성이 있어서 자성체의 성질을 가지고 있어요. 하지만 원자가 방향성 없이 뒤섞여 있기 때문에 일정한 방향의 자성을 지니고 있지는 않아요.

이러한 상황에서 자석의 자기장 안에 철이 들어가면 자성체의 성질을 지닌 원자들이 자석의 자기장에 따라 일정한 방향으로 배열됩니다. 철 자체가 N극과 S극을 가진 하나의 자석이 되는 것이죠. 그렇게 철이 자성을 갖게 되면 자석의 N극이 철의 S극을 당기고, 자석의 S극은 철의 N극을 당겨서 철이 자석에 달라붙게 되는 거예요. 그런데 자기력은 다른 극끼리는 당기지만 같은 극끼리는 밀어내는데, 왜 철은 항상 달라붙기만 할까요? 자기장의 방향과 관련이 있어요. 자기장 안에서 철은 자석의 N극과 가까운 부분이 항상 S극으로 유도되고, 그 반대 방향은 N극으로 유도돼요. 왜냐하면 자기장은 N극에서 나와서 S극으로 들어가는데, 철의 입장에서는 자석의 N극과 가까운 쪽은 자기장을 받아들이는 쪽이 되고, S극과 가까운

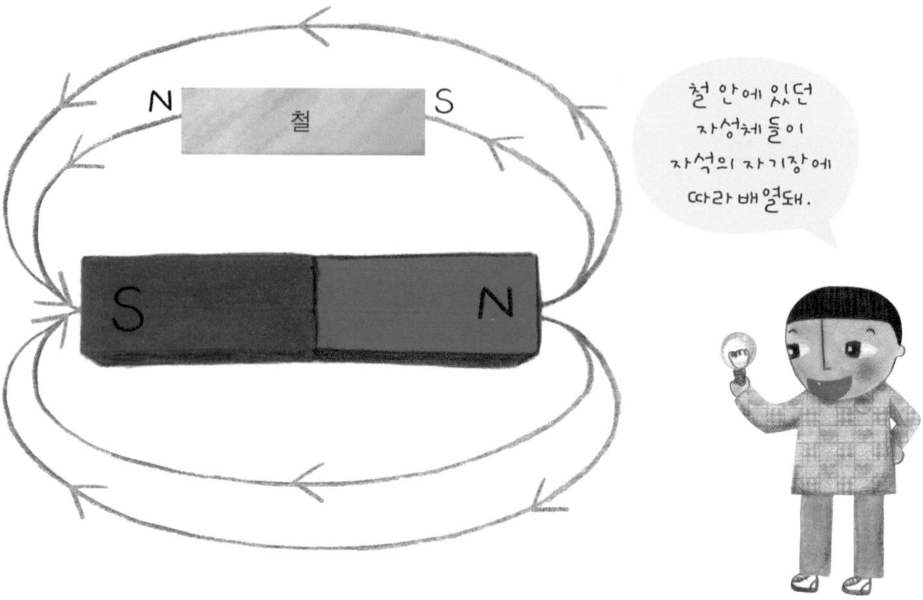


### 니켈

은백색 금속 원소 중의 하나입니다. 공기나 물, 알칼리 등에는 철보다 덜 침식되고 강한 자성을 가져요. 천연 광석으로 얻을 수 있으며 새로운 성질의 금속을 만들 때, 금을 입힐 때 쓰입니다.

### 자북극

자침이 가리키는 북쪽 끝을 말해요. 매년 약간씩 이동하지만 대개 캐나다 북부의 프린스오브웨일스 섬이 이에 해당한답니다. 지리적으로 북극과는 어느 정도 떨어져 있다고 해요.

쪽은 자기장을 내보내는 쪽이 되기 때문이에요. 철의 종류나 성질에 따라, 또 자기장의 강도에 따라 철에 유도된 자성이 유지되는 시간의 차이는 있어요. 하지만 자석이 철을 끌어당기는 것은 그 차이가 얼마만큼이든 일시적으로 자석이 된 철이 다른 자석과 반응하는 현상입니다.

지구는 하나의 커다란 자석입니다. 하지만 지구 자체가 자석은 아니에요. 지구의 내부 구조는 계란의 구조와 같습니다. 계란 껍데기에 해당하는 것이 우리가 살고 있는 지표면이고, 계란의 흰자에 해당하는 것이 비교적 부드러운 물질로 채워진 맨틀입니다. 계란의 노른자위에 해당하는 것이 지구의 핵

이에요. 지구가 자성을 띠는 원인은 지구 내부의 핵이 자성의 원인이 되는 물질로 이루어져 있기 때문입니다.

핵은 외핵과 내핵으로 이루어져 있어요. 외핵은 액체로 이루어져 있고, 내핵은 철과 니켈 등 무거운 금속으로 이루어져 있습니다. 내핵은 강력한 자성을 띠고 있는데, 그 자력이 지표면에서 약하게나마 나오는 것을 이용한 것이 바로 나침반이에요.

내핵은 빠른 속도로 회전하고 있습니다. 회전하면서 조금씩 흔들려서 지구의 자북극, 자남극은 그 위치가 조금씩 변한다고 해요. 최근에는 지구 내부의 자석이 하나가 아니라는 것이 발견됐다고 합니다. 하지만 가장 강력한 자석은 내핵이어서 나침반이 가리키는 위치는 거의 차이가 없어요.

**자남극**

지구 자기의 축이 지구 표면과 만나는 남극점을 말합니다.

## 나침반 바늘의 N극이 북쪽을 가리키는 이유

앞에서 지구는 하나의 커다란 자석이라고 했습니다. 이 사실을 실험을 통해 알아보겠습니다.

먼저 막대자석을 스티로폼 위에 놓고 물을 채운 수조 위에 띄웁니다. 막대자석이 서서히 움직이다가 멈추면, 막대자석이 가리키는 방향과 나침반의 바늘이 가리키는 방향을 비교해 보세요. 이 실험에서 막대자석의 N극은 북쪽을 가리키고 S극은 남쪽을 가리킵니다. 같은 극끼리는 밀어내고 다른 극끼리는 잡아당긴다는 것, 기억하고 있죠? 정리하면 지구는 커다란 하나

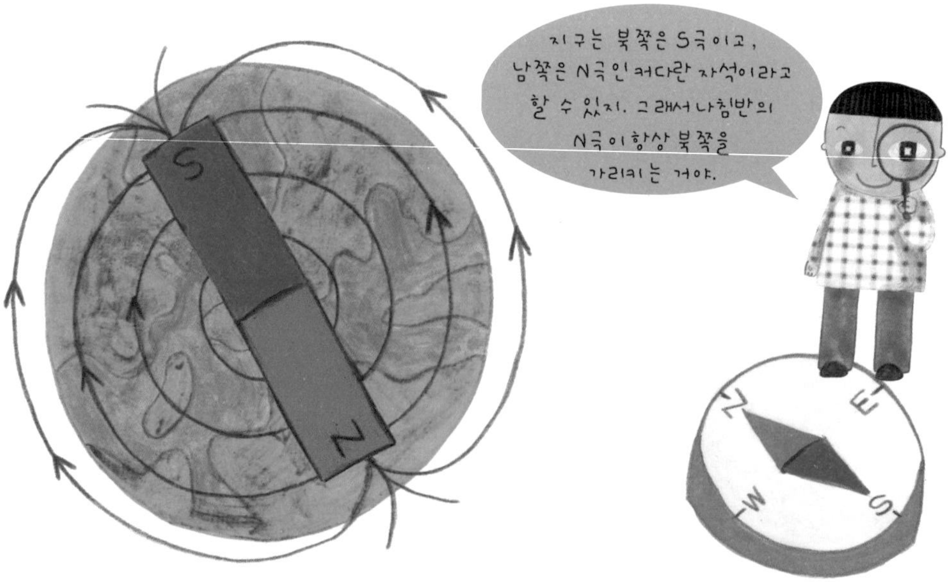
S
N
지구는 북쪽은 S극이고,
남쪽은 N극인 커다란 자석이라고
할 수 있지. 그래서 나침반의
N극이 항상 북쪽을
가리키는 거야.
N
E
W
S

의 자석으로, 북쪽은 S극이고 남쪽은 N극으로 되어 있습니다. 그렇기 때문에 언제, 어디서든 나침반의 N극이 가리키는 방향은 북쪽이 되는 것이랍니다. 이 사실에서도 알 수 있듯이 나침반의 바늘 역시 하나의 자석이에요. 실험을 통해 자세히 알아볼까요?

나침반의 빨간색 화살표가 가리키는 방향이 북쪽이고, 남쪽은 그 반대 방향이다.

종이 위에 자석과 나침반을 올려놓습니다. 그다음 자석 주위로 나침반을 서서히 옮겨가면서 나침반의 바늘이 어떻게 변화하는지 관찰해 보세요. 실험 결과, 나침반의 빨간 바늘은 자석의 S극을 가리키고 반대쪽의 바늘은 자석의 N극을 가리킨다는 것을 알 수 있을 거예요. 나침반의 바늘이 자석으로 만들어져 있어서 같은 극끼리는 밀어내고 다른 극끼리는 잡아당기기 때문이죠.

이러한 나침반에도 유효 기간이 있습니다. 나침반의 원리를 알면 쉽게 이해할 수 있어요. 나침반은 원래 자석을 띠게 한 바늘을 판 위에 살짝 걸쳐 놓은 것입니다. 나침반의 바늘은 지구자기장의 영향을 받아 움직이는데, 처음에 나침반의 바늘은 (+)전하와 (−)전하가 규칙적으로 배열되어 있어서 자석의 성질을 가집니다. 그러나 시간이 지나면서 점점 (+)전하와 (−)전하의 배열이 흐트러지면서 자석의 성질을 잃어버리게 돼요. 따라서 유효기간이 지나면 자석의 성질이 약해져 나침반은 그 역할을 제대로 할 수 없게 됩니다.

지금까지 자석의 성질을 통해 지구가 커다란 하나의 자석이라는 것, 나침반의 바늘 역시 하나의 자석이라는 것을 알아보았어요. 그럼 이제 자석은 어떻게 만들어지는지 알아보겠습니다.

자석에 붙었다가 떨어진 핀은 떨어지고 난 후에도 몇 분 또는 몇 시간 동안 자성을 띠고 있습니다. 하지만 결국에는 자성을 잃게 돼요. 이러한 현상을 '잔류자기'라고 합니다. 자석에 달라붙은 핀은 극을 갖게 되는데, 자석

에서 떨어진 후에도 극이 잠시 동안 유지되는 것을 잔류자기라고 합니다.

센 자석에 붙을수록 떨어지고 난 뒤에도 잔류자기가 오래 남지요. 매우 센 자석에 붙으면 자성이 거의 영구적으로 남기도 해요. 인공적인 영구자석은 이렇게 만들어요.

스피커 진동판 뒤에 영구자석이 있다.

전기를 사용하지 않아도 항상 자성을 유지하고 있는 영구자석은 자성이 자성체에 저장되어 있어서 극성이 변하지 않습니다. 즉, N극과 S극이 변하지 않는다는 것이죠. 또한 영구자석은 작게 만들 수도 있고, 만들기도 쉬워서 값이 저렴합니다. 그래서 고정식 자석으로 사용해요. 나침반과 스피커, 수화기 안에 이러한 고정식 자석이 사용된답니다.

영구자석을 만들 때는 철이나 니켈, 코발트 같은 강한 자성체를 써야 합니다. 니켈이나 코발트는 구하기 어려우니까 손쉽게 구할 수 있는 철을 사용하는 게 좋겠죠?

보통 철을 영구자석으로 만들려면 다른 자기장에 노출을 시켜야 합니다. 철을 영구자석이나 전자석에 붙여 놓는 방법으로 말이지요. 강한 자기장을 얻는 가장 쉬운 방법은 전자석의 전류를 세게 올려 주는 것이에요. 그러면 영구자석으로는 얻을 수 없는 매우 강력한 자기장을 얻을 수 있답니다.

**코발트**

철과 비슷한 광택이 나는 금속입니다. 옛날에는 도자기나 유리 등에 푸른색을 내는 화합물로 알려져 있었어요. 코발트는 가열해도 잘 녹지 않으며, 공기 중에 두어도 표면에 녹이 슬 뿐 잘 부식되지 않습니다.

크레인은 아주 센 자기력을 이용해 컨테이너와 같은 무거운 물체를 손상 없이 끌어당겨서 옮길 수 있다. ⓒ Zwergelstern@the Wikimedia Commons

그렇다면 전자석은 어떻게 만들까요? 코일을 못과 같은 쇠붙이에 감고 전기를 흘려 자성을 가지게 한 다음 사용하는 자석이 바로 전자석이에요. 따라서 전자석을 만들려면 전기가 필요합니다. 전지의 (+)극과 (-)극을 바꾸면 전자석의 N극과 S극의 방향을 바꿀 수 있고, 전류의 세기를 이용해 자석의 강도도 조절할 수 있습니다. 전자석은 전기 장치가 있어야 하므로 영구자석보다는 큽니다. 전자석은 강한 자성을 이용하는 부저, 벨, 크레인 등에 사용됩니다.

TIP 요건 몰랐지?

# 자석을 계속 자르면 어떻게 될까요?

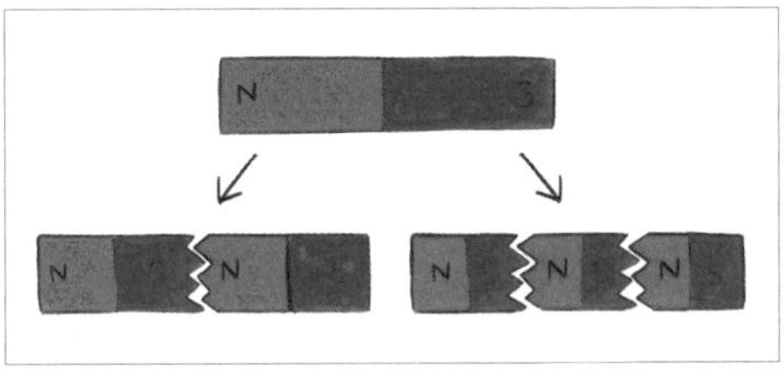

자석을 잘라도 N극과 S극을 모두 가진 자석이 나온다.

자석은 N극과 S극으로 나뉘어 있습니다. 그렇다면 자석의 중간을 자르면 어떻게 될까요? N극과 S극으로 나뉠까요? 아닙니다. 자석을 잘라도 한 극만 존재하는 것이 아닌, N극과 S극을 모두 가진 자석이 탄생해요. 왜 그럴까요?

자석은 아주 작은 N극과 S극으로 이루어진 자석들이 한 방향으로 연결되어 있는데, 자기의 성질을 그대로 가지려고 하는 성질 때문에 잘라도 N극과 S극을 물려받게 된답니다. 그래서 자석의 어느 부분을 잘라도 N극과 S극을 띠게 되지요.

그렇다면 자석을 아주아주 작게 자르면 어떻게 될까요? N극과 S극을 띠고 있기는 하지만 작게 자를수록 자성은 작아집니다. 작게 잘라진 자석은 어느 순간부터는 더 이상 다른 물체에 영향을 끼칠 수 없을 정도의 물질, 즉 단순한 돌이 되고 말아요.

## Q&A 꼭 알고 넘어가자!

**문제 1** 자석은 왜 철을 끌어당길까요?

**문제 2** 전자석은 무엇이고, 전자석의 성질을 이용한 기기들에는 어떤 것들이 있는지 말해 보세요.

3. 자석을 잘라도 한 극만 존재하는 것이 아닌, N극과 S극을 모두 가진 자석이 탄생해요. 그 이유는, 자석은 아주 작은 N극과 S극으로 이루어진 자석들이 한 방향으로 연결되어 있기 때문입니다. 그리고 자기의 성질을 그대로 가지려고 하기 때문에 잘라도 N극과 S극을 물려받습니다. 그래서 자석의 어느 부분을 잘라도 N극과 S극을 띠게 됩니다.

**문제 3** 자석은 N극과 S극으로 나누어져 있습니다. 그렇다면 자석의 중간을 자르면 어떻게 될까요? 그 이유는 무엇인지도 설명해 봅시다.

**정답**

1. 철에도 자성체의 성질이 있습니다. 하지만 내부의 원자들이 방향성 없이 뒤섞여 있기 때문에 일정한 방향의 자성을 지니고 있지는 않아요. 이런 상황에서 철이 자석의 자기장 안에 들어가면 철 안에 있던 원자들이 자석의 자기장에 따라 일정하게 배열됩니다. 철 자체가 하나의 자석이 되는 것이죠. 철이 자석에 달라붙는 것은 일시적으로 자석이 된 철과 자석이 반응하는 현상입니다.

2. 전자석은 코일을 못과 같은 쇠붙이에 감고 전기를 흘려서 자성을 가지게 한 다음 사용하는 일시적인 자석이에요. 전자석은 강한 자성을 이용하는 부저, 벨, 크레인 등에 사용됩니다.

관련 교과

초등 3학년 1학기 2. 자석의 성질
초등 6학년 1학기 5. 자기장

# 4. 생활에 꼭 필요한 자기

우리는 생활 속에서 자석으로 된 물품을 많이 사용합니다. 냉장고에 붙이는 자석부터 텔레비전, 핸드폰, 마이크 등 전기와 마찬가지로 자석도 우리 생활에서 없어서는 안 되는 존재가 됐어요. 자, 그러면 자석이 우리 생활에 어떻게 쓰이는지 자세히 알아볼까요?

# 자기부상열차는 자석의 원리로 움직여요

보통 열차는 바퀴와 선로 사이의 마찰력을 이용해 열차를 앞으로 밀어서 달립니다. 하지만 열차의 속도가 일정 정도 이상으로 빨라지면 마찰력이 저항으로 작용해 더 빠른 속도를 낼 수 없게 돼요. 그렇다면 열차를 선로 위에 띄워서 달리게 하면 어떨까요? 그러면 보다 적은 힘으로 더 빠른 속도를 낼 수 있습니다. 이것을 실현하기 위해서는 우선 열차를 공중에 띄워야 하고, 마찰력이 아닌 다른 힘으로 열차를 달리게 해야 해요. 이러한 열차가 바로 자기부상열차입니다.

자기부상열차는 자력을 이용해 달리는 열차예요. 그런데 천연자석은 열차를 띄울 만큼 자력이 강하지 않기 때문에 전자석을 이용합니다. 전자석의 세기는 전자석에 흐르는 전류의 양에 비례하는데, 전자석에 아주 많은

모두 자기를 이용한 것들이다. 이렇듯 우리는 알게 모르게 다양한 형태로 자기를 이용하고 있다.

전류를 흘려 주면 열차를 띄울 만큼 강한 자력을 얻을 수 있어요. 이때 전자석에 저항이 큰 전선을 사용하면 강한 전류를 흘릴 수도 없고, 전기에너지의 많은 부분을 열에너지로 잃게 되는 단점이 있어요. 이를 해결하기 위해 전자석의 전선은 초전도체로 만들어요. 초전도체는 매우 낮은 온도에서 전기저항이 사라지는 물질을 말한답니다. 저항이 없기 때문에 초전도체에 한 번 전류를 흘려주면 전류가 계속해서 흐르게 되고, 강한 전류를 쉽게 흘릴 수 있어요.

**저항**

물체가 움직일 때 이동 방향의 반대 방향으로 작용하는, 이동을 방해하는 힘을 저항이라고 해요. 예를 들어, 비행기가 날아갈 때는 반대 방향으로 공기 저항이 작용해요. 물체뿐 아니라 열이나 전기의 이동에서도 저항이 있는데, 전기의 흐름에 대한 저항을 전기저항이라고 해요. 전기저항이 크면 전류가 잘 통하지 않고 전기전도율도 낮습니다. 단위는 옴(Ω)을 써요.

자기부상열차를 움직이는 원리로는 반발식과 흡인식이 있어요. 반발식과 흡인식 모두 여러분이 알고 있는 자석의 기본적인 원리를 이용한 것입니다. 반발식은 같은 극끼리는 밀어내는 힘을 이용한 것이고, 흡인식은 서로 당기는 힘을 이용한 것이에요. 좀 더 자세히 살펴볼까요?

자석의 N극에 또 다른 자석의 N극을 가져가면 어떻게 될까요? 자석이 다른 자석을 가져다 댄 반대쪽으로 밀려날 거예요. 이렇게 자석의 같은 극끼리 밀어내는 힘을 이용한 것을 반발식이라 합니다.

흡인식은 반발식의 반대의 원리를 이용한 것이라고 생각하면 쉬워요. 자석의 N극에 다른 자석의 S극을 가져가면 N극이 S극에 달라붙기 위해 살짝 이동할 거예요. 그리고 그 순간 다시 S극을 뒤로 이동시키면 N극은 더 앞으로 끌려가겠죠. 이렇게 자석의 서로 다른 극끼리 잡아당기는 힘을 이용한 것이 흡인식입니다.

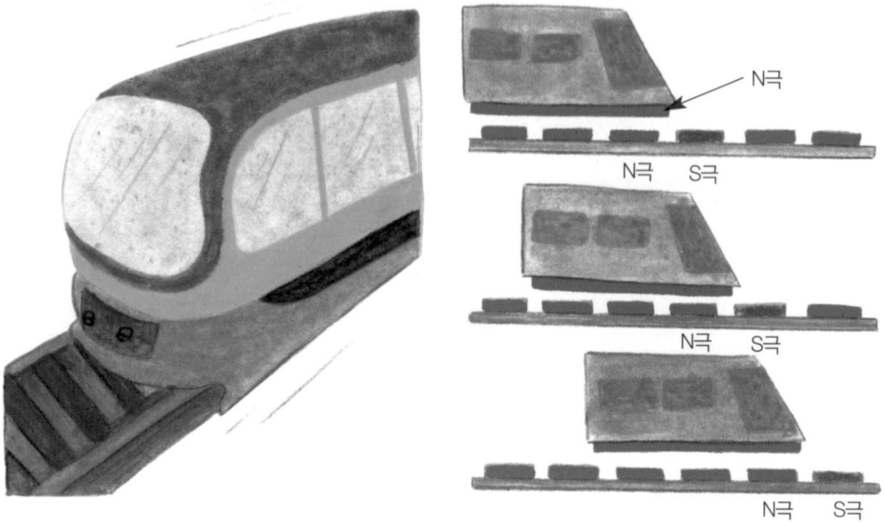

자기부상열차는 자석의 원리를 이용해 달린다.

자기부상열차는 열차를 선로에 뜨게 해 마찰력을 없애 줍니다. 그래서 마찰력으로 인한 에너지의 소비가 없어요. 또 흔들림도 거의 없어서 좌석에 편안하게 앉아 갈 수 있답니다. 하지만 자기부상열차에 사용되는 초전도체의 비용이 비싸서 실생활에 이용되는 곳은 아직까지는 많지 않아요. 더욱 저렴하게 이용할 수 있는 방법이 개발된다면 미래에는 자기부상열차와 같은 열차들이 많아지겠죠?

## 태양 폭발이 일어나면 어떻게 될까요?

지구 밖 우주에는 원자폭탄보다 1억 배나 강한 무기가 있습니다. 이 무기가 한 번 공격을 하면 대륙 전체가 캄캄해질 수 있고, 우주 시대에서 머나먼 옛날 석기 시대로 뒷걸음질 칠 수도 있어요. 이 무기는 바로 태양입니다. 우리가 늘 마주하는 태양에 이런 힘이 있다니 놀랍죠?

태양은 핵융합을 통해 열과 빛을 만들어요. 이것을 태양에너지라고 하는데, 1초 동안 나오는 태양에너지는 지금까지 전 세계가 사용한 에너지의 양보다 많다고 합니다. 정말 어마어마하죠? 만약 이러한 힘을 가지고 있는 태양이 폭발한다면 어떻게 될까요?

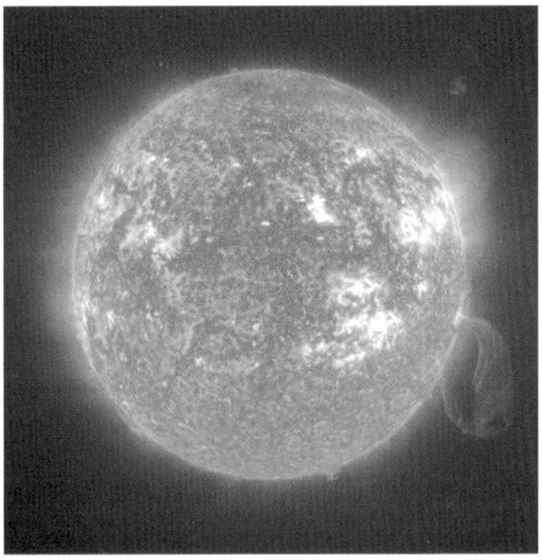
태양은 살아가는 데 필요한 모든 것을 우리에게 제공해 준다. 하지만 우리를 지켜 주는 자기권이 없다면 순식간에 모든 것을 빼앗아 갈 수도 있다.

태양 표면에서 발생하는 폭발은 매우 강하고 에너지도 엄청나서 측정할 수 없을 정도예요. 이러한 폭발을 태양 폭발, 혹은 플레어라고 불러요. 태양풍은 태양의 높은 에너지인 방사능 물질을 가지고 있어요. 그래서 태양풍이 곧장 지구로 날아오면

동식물의 유전자가 변형되는 것은 물론이고 통신 장애도 올 수 있어요. 하지만 너무 걱정하지 마세요. 지구는 방어막을 치고 있으니까요. 바로 지구 자기장이라는 것이에요. 지구가 하나의 거대한 자석이라는 것은 알고 있죠? 북극은 S극, 남극은 N극이라는 것도 기억하고 있죠? 이 때문에 지구 주위에는 거대한 자기장이 존재해요. 이 자기장이 비를 막아 주는 우산처럼 태양풍을 막아 주는 것이에요.

그렇다면 태양풍이 지구에 직접 닿으면 어떤 현상이 일어날까요? 먼저 오로라를 들 수 있습니다. 태양풍의 입자와 지구의 대기가 충돌해 빛을 내는 현상을 오로라라고 해요. 1989년 10월 21일, 거대한 태양풍이 일어났을 때 일본에서는 붉게 빛나는 오로라가 관측됐습니다.

태양풍이 일어나면 오로라가 발생할 뿐만 아니라 자기 폭풍이 생길 수도 있어요. 자기 폭풍은 지구자기장이 일시적으로 불규칙하게 변하는 현상이

에요. 지구의 대기권에는 전리층이라고 하는 층이 있어요. 이 층은 자유전자들이 모여 있어서 전파를 반사하는데, 이 때문에 지구에서의 통신이 가능하답니다. 그런데 자기 폭풍이 생기면 전리층에 강력한 전류가 발생하여 전리층에 혼란이 와요. 태양풍의 입자도 전자이기 때문에 전리층에 혼란을 줍니다. 이때 발생한 전류는 전리층을 따라 흐르면서 지상에 위치한 송전선과 같은 거대한 도체에 유도 전류를 발생시켜 많은 피해를 일으킬 수 있어요. 지구의 전파와 통신이 마비되는 것이죠. 전기로 작동하는 모든 것이 태양풍의 공격에 약하다고 생각하면 됩니다.

미국에서는 태양풍의 정도를 예측하기 위해 특별한 연구 기관을 두고 있어요. 미 공군에서도 예산의 높은 비율을 태양풍 예측에 투자하고 있습니다. 인명에 직접적인 위험이 없다고는 해도 인공위성과의 교신을 방해하고 전자 기계의 오작동을 일으키는 등의 많은 불편함을 주기 때문이에요. 만약 강력한 태양풍이 일어나면 우리는 어떻게 해야 할까요? 잠잠해질 때까지 기다리는 수밖에 없답니다. 지금은 태양풍을 미리 예측하고 준비를 철저히 해 두는 것이 유일한 방법이에요.

# 전동기의 원리는 무엇일까요?

여름이면 우리를 시원하게 해 주는 선풍기! 선풍기는 어떤 원리로 우리를 시원하게 해 줄까요?

선풍기의 뒤에는 전동기가 달려 있습니다. 선풍기는 바로 이 전동기의 동력에 의해 돌아가요. 전동기는 코일에 흐르는 전류와 고정되어 있는 영구자석의 자기장 사이에서 작용하는 힘에 의해 회전력이 발생합니다.

자기장 안에서 전하를 가진 입자가 운동할 때는 일정한 방향으로 힘을 받게 돼요. 이것을 로런츠힘이라고 합니다. 그러면 어떤 자기장을 통과하도록 전선을 놓고, 이 전선에 전류를 흘려보내면 어떻게 될까요? 전류가 흐른다

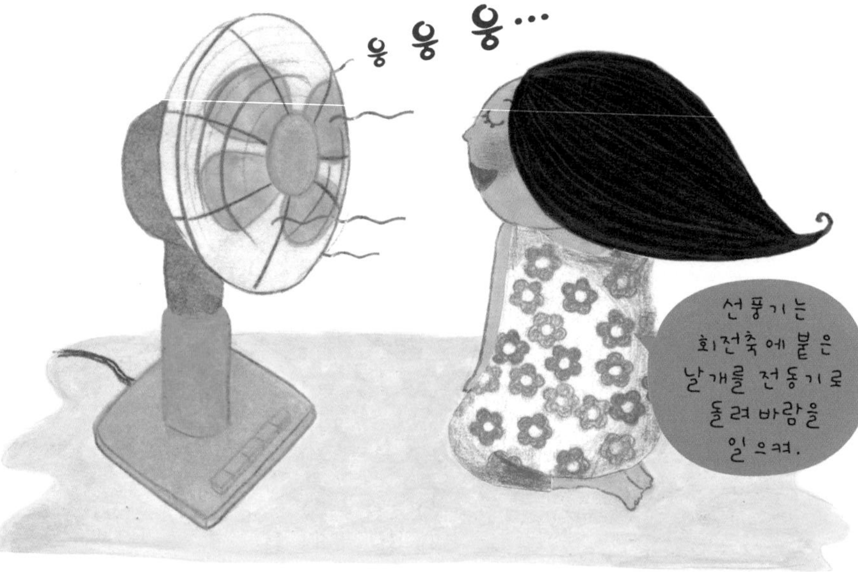
웅 웅 웅…
선풍기는 회전축에 붙은 날개를 전동기로 돌려 바람을 일으켜.

전동기를 이용하는 전기드릴의 내부 모습.

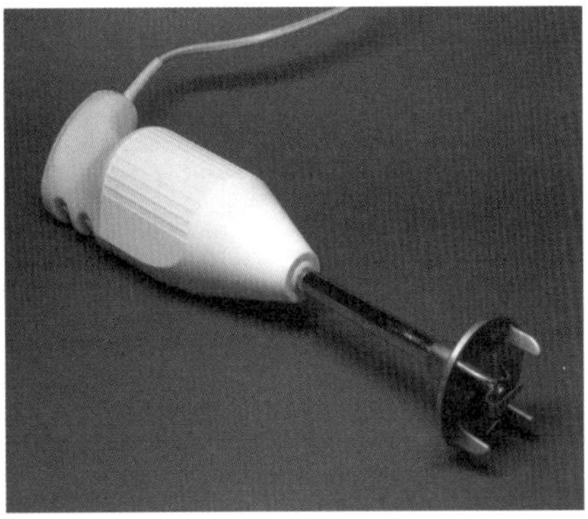

전동기를 사용하는 소형 가전제품.

는 것은 (-)전하를 가진 전자들이 운동한다는 것을 의미하니까 전류가 흐르는 전선에 일정한 방향의 힘이 발생합니다. 이번에는 이 전선을 U 자나 O 자 모양으로 꺾어서 꺾인 부분이 자기장 속을 통과하도록 놓고 전류를 흘려보내면 어떻게 될지 생각해 볼까요? 그러면 자기장 속에 왼쪽과 오른쪽, 혹은 위와 아래로 서로 반대 방향으로 흐르는 전류가 존재하게 된답니다. 그런데 로런츠힘의 방향은 전하의 운동 방향 그리고 자기장의 방향과 관련이 있어요. 자기장의 방향이 일정할 때 전류의 방향이 반대가 되면 작용하는 힘의 방향도 반대가 된답니다. 그러면 전선에도 서로 방향이 반대인 두 힘이 작용하게 돼요. 예를 들어, 전선의 왼쪽에는 위로 올라가는 힘이 발생하고, 전선의 오른쪽에는 아래로 내려가는 힘이 발생하는 식이지요. 그리고 이와 같은 힘은 전선을 회전하게 만들어요. 전동기는 이러한 원리를 이용한답니다. 로런츠힘을 이용해 전기에너지를 운동에너지로 바꾸는 것이지요.

전기 기구에 전원을 켰을 때 웅, 하는 소리가 나는 것은 전동기가 돌아가는 소리랍니다. 가정에서 쓰이는 여러 가지 물품 중에는 전동기가 쓰이는 것들이 많아요. 선풍기뿐 아니라 헤어드라이어, 믹서 등이 있답니다.

TIP 요건 몰랐지?

# 플레밍의 쌍권총 법칙

전기와 자기 하면 딱 떠오르는 과학자가 있습니다. 바로 플레밍입니다. 그가 만든 법칙 중에 플레밍의 왼손 법칙과 오른손 법칙은 전기 이론의 가장 기초적이고 널리 활용되는 법칙 중의 하나예요.

먼저 플레밍의 왼손 법칙부터 알아볼게요. 이 법칙은 자기장 안의 정지해 있는 물체에 전류가 흐를 때 물체가 받는 힘의 방향을 알 수 있게 해 줍니다. 즉, 물체의 운동 방향을 알 수 있는 것이죠. 그럼 우리도 한번 해 볼까요?

먼저 왼손의 세 손가락을 펼칩니다. 집게손가락은 자기장의 방향으로 두고, 가운뎃손가락은 전류 방향으로 향하도록 힘껏 벌려 주세요. 그러면 나머지 손가락인 엄지손가락이 가리키는 방향이 바로 물체가 받는 힘의 방향이 되는 것이랍니다.

왼손 법칙만 알아보면 오른손이 서운하겠죠? 자기장 안에서 물체가 움직이게 되면 전류

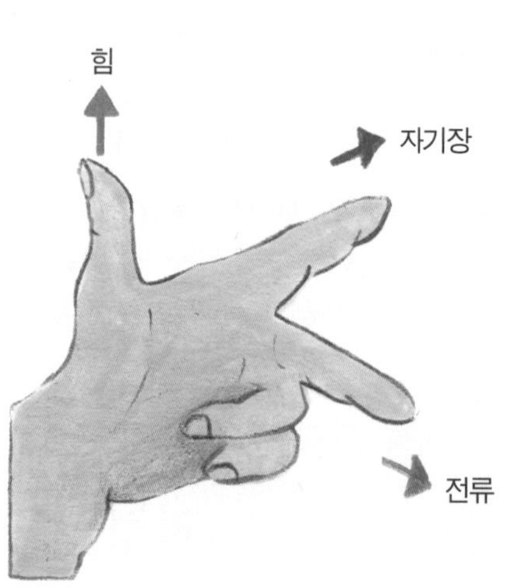


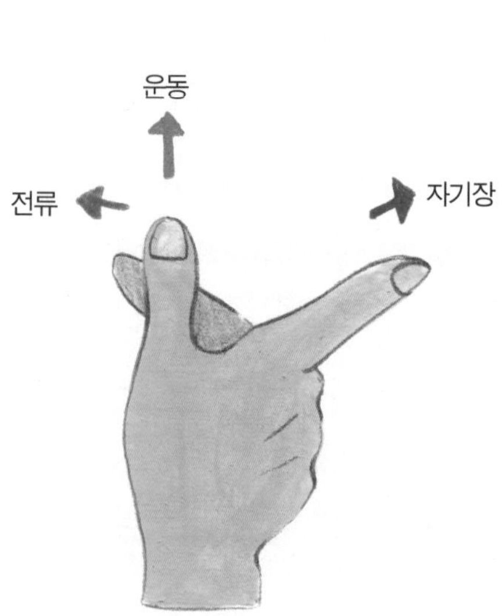

가 생기게 됩니다. 이때 전류의 방향을 알 수 있게 해 주는 것이 바로 플레밍의 오른손 법칙이에요. 오른손 법칙은 왼손 법칙과 반대로 하면 됩니다.

먼저 오른손의 세 손가락을 펼쳐요. 집게손가락을 자기장의 방향으로, 엄지손가락을 힘의 방향으로 향하게 합니다. 그러면 나머지 손가락인 가운뎃손가락이 가리키는 방향이 전류의 방향이 됩니다. 그렇다면 전선에 전류가 흐를 경우 자기장의 방향은 어떻게 될까요?

이것 역시 손가락만으로 간단히 알 수 있습니다. 오른손의 엄지손가락을 전류가 흐르는 방향으로 치켜듭니다. 그다음 전류가 흐르는 전선을 살며시 감싸 쥡니다. 엄지손가락을 제외한 나머지 네 손가락이 가리키는 방향이 바로 자기장의 방향이에요. 이것을 오른나사의 법칙이라고 한답니다. 이 법칙은 프랑스의 물리학자인 앙페르가 발견했어요.

TIP 요건 몰랐지?

## 존 플레밍 John Fleming, 1849~1945

존 플레밍은 영국의 전기공학자예요. 바로 앞에서 배운 플레밍의 법칙, 전류·자기장·도체 운동의 세 방향에 관한 법칙으로 유명합니다.

존 플레밍은 1883년 에디슨이 우연히 발견한 '에디슨효과'에서 힌트를 얻어 '진동 밸브'라고 하는 2극 진공관을 발명했어요. 에디슨효과란, 금속이나 반도체를 높은 온도로 가열하면 내부에 있는 전자의 열운동이 활발하게 되어 큰 에너지를 얻고 표면으로부터 튀어나오는 현상을 말합니다. 2극 진공관의 발명으로 전화·전등·무선 기술에 많은 업적을 남겼습니다.

존 플레밍은 런던대학교에서 공부한 뒤 런던의 에디슨 전등회사의 자문위원, 마르코니 무선전신회사의 고문이 되었어요. 또 1885년부터는 모교의 교수로 있었습니다. 앞에서 배운 플레밍의 법칙은 마이클 패러데이에 의해 발견된 전자기유도 현상을 사람의 손으로 쉽게 알 수 있도록 만든 것이에요. 이것은 그가 교수로 있던 때 몇 번이고 전자기유도 현상을 설명해도 전류에 의해 발생하는 자기장과 자기장에 의해 발생하는 전류의 관계를 이해하지 못하는 학생들을 위해 만든 것이었어요. 이 법칙은 지금 우리에게도 유용하게 쓰이고 있으니, 존 플레밍은 위대한 과학자인 동시에 훌륭한 선생님이었던 것 같습니다.

2극 진공관을 발명해 전화·전등·무선 기술에 많은 업적을 남긴 존 플레밍.

## 스피커와 마이크도 자석으로 만들어요

주위에서 스피커와 마이크는 아주 흔하게 볼 수 있어요. 집에 있는 텔레비전만 보더라도 스피커가 달려 있습니다. 거리에서도 큰 스피커를 종종 볼 수 있어요. 그렇다면 스피커와 마이크는 어떤 원리로 소리를 크게 내보낼 수 있는 것일까요? 이론적으로는 아주 간단합니다.

소리는 공기가 부딪히면서 생기는 진동에 의해 전달돼요. 마치 물 위에 파장이 생기는 것처럼 말이에요. 마이크는 이 진동을 진동판을 통해 받아

■ **마이크의 원리와 구조**

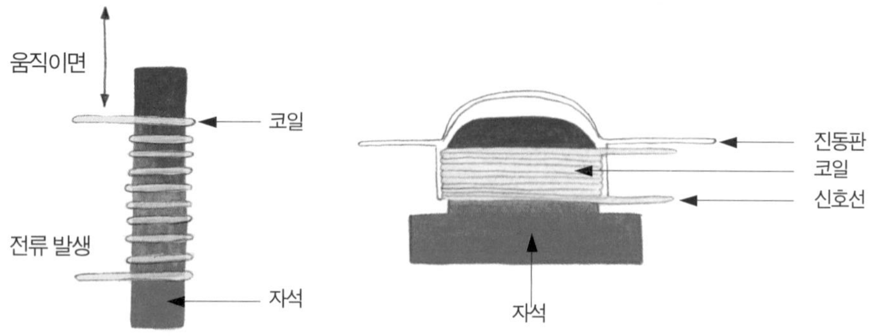


들여요. 이 진동판은 영구자석의 둘레를 감고 있는 코일과 연결되어 있어요. 사람이 말을 하면 진동판을 통해 진동이 코일로 전달되고, 코일이 움직이면서 영구자석의 자기장과 작용하여 전류를 발생시킨답니다. 즉, 소리가 전기 신호로 바뀌게 되는 거예요. 이 전기 신호가 스피커로 전달되면 다시 스피커에서 전기 신호를 소리로 바꾸어서 우리가 들을 수 있는 거예요. 이러한 원리의 마이크를 다이내믹 마이크라고 합니다. 다이내믹 마이크는 자연스러운 음을 내기 때문에 노래를 부를 때 주로 사용해요.

스피커의 원리는 마이크와 반대라고 생각하면 돼요. 스피커의 코일에 전

■ **스피커의 구조**

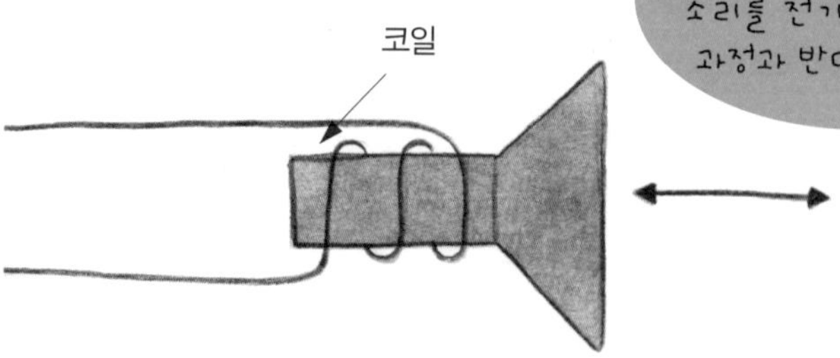

류, 즉 전기 신호가 전달되면 코일은 영구자석의 자기장의 영향으로 움직이게 돼요. 이 진동이 진동판을 진동시키면 진동판이 주변 공기를 압축·이완시켜, 처음 마이크를 통해 받아들였던 소리와 같은 파형을 만들어 내요. 이 진동이 공기를 통해 우리 귀에 전달되면 소리를 들을 수 있는 거예요.

**파형**

신호를 전달할 때 사용하는 파동의 생김새를 말해요. 디지털신호와 같이 특수 목적으로 신호를 전달하기 위해 파형을 만들기도 하지만 음성 같은 아날로그 신호를 방송하기 위해 전기 신호로 바꾸어 파형이 만들어지기도 합니다.

다만 마이크가 만들어 낸 전기 신호는 그 세기가 아주 약해요. 그래서 우리가 그 소리를 다시 들으려면 이 전기 신호를 증폭시켜 주는 장치가 필요해요. 그런 장치를 앰프라고 부른답니다.

## Q&A 꼭 알고 넘어가자!

**문제 1** 자기부상열차는 자석의 원리를 이용한 것입니다. 자석의 어떤 원리를 이용한 것인지 답해 볼까요?

**문제 2** 자기부상열차는 어떤 장점을 가지고 있을까요?

3. 선풍기의 뒤에는 전동기가 달려 있습니다. 선풍기는 바로 이 전동기의 동력에 의해 돌아가요. 자기장 안에서 전하를 가진 입자가 이동하면 이 입자는 일정한 방향으로 힘을 받게 돼요. 이 힘을 로런츠힘이라고 한답니다. 전동기는 이 로런츠힘을 이용해 전기에너지를 운동에너지로 바꾸는 원리로 작동한답니다.

4. 소리는 공기가 부딪히면서 생기는 진동에 의해 전달돼요. 마이크에서 공기의 진동을 받는 부분을 진동이라고 해요. 사람이 말을 하면 진동판이 진동하게 되고, 이 진동판은 연결된 코일을 움직여요. 코일은 자석의 둘레를 감싸고 있는데, 코일의 운동과 자석의 자기장의 작용으로 전류가 발생합니다. 즉, 소리가 전기 신호로 바뀌는 것이지요.

문제 3 선풍기는 어떤 원리로 우리를 시원하게 해 주는 것일까요?

문제 4 마이크는 어떤 원리로 소리를 전기 신호로 바꿔 줄까요?

**정답**

1. 자기부상열차가 움직이기 위해서는 열차를 선로로부터 띄우는 힘과 열차를 원하는 방향으로 진행시키는 두 가지의 힘이 필요합니다. 자기부상열차를 움직이는 방법은 크게 반발식과 흡인식으로 나눌 수 있어요. 반발식은 같은 극끼리는 밀어내는 척력을 이용한 것이고 흡인식은 다른 극끼리는 붙으려는 인력을 이용한 것이랍니다.

2. 자기부상열차는 열차를 선로에 뜨게 해 마찰력을 없애 줍니다. 그래서 마찰로 인한 에너지의 소비가 없고, 흔들림이 거의 없어 좌석에 편안하게 앉아 갈 수 있다는 장점이 있어요. 그리고 마찰에 의한 마모도 거의 없어서 열차를 유지·수리하는 비용이 적게 들어간답니다. 게다가 소음도 적고, 빠른 속도로 운행할 수 있어요.

관련 교과

초등 5학년 2학기 **8. 에너지**
중학교 3학년 **2. 일과 에너지**

# 5. 전기를 만드는 발전의 원리

전기와 자기가 친구인 이유 중의 하나는 바로 발전입니다. 발전을 할 때 자기력을 이용하기 때문이에요. 그렇다면 발전에는 어떤 종류가 있고, 어떻게 이루어지는지 알아보겠습니다.

# 자연의 힘으로 전기 만들기

에너지는 열에너지, 위치에너지, 운동에너지 등 여러 가지 종류가 있습니다. 이러한 여러 형태의 에너지를 전기에너지로 전환시키는 것을 발전이라고 합니다. 일반적인 발전에서 대부분 터빈을 이용해요. 그렇다면 터빈은 무엇일까요?

터빈은 회전하도록 되어 있는 장치를 말합니다. 높은 압력의 기체나 액체를 터빈에 통과시키면 터빈이 회전하는데, 발전기는 터빈의 회전력을 이용해 전기를 발생시킵니다. 터빈의 종류에는 수력터빈, 증기터빈, 가스터빈 등이 있어요. 앞의 수력터빈과 증기터빈은 주로 발전에 사용되고 가스터빈은 주로 항공기의 추진용 원동기로 사용됩니다.

높은 온도와 압력의 증기를 작은 구멍으로 날개바퀴에 뿜어내어 회전력을 얻는 원동기. 증기터빈 또는 스팀터빈, 커티스터빈이라고 한다. ⓒ Brandy Frisky@the Wikimedia Commons

발전을 하려면 다른 형태의 에너지를 소비해야 하는데, 이 에너지의 근원이 되는 자원을 발전 자원이라 해요. 발전은 이용하는 발전 자원에 따라 수력발전, 화력발전, 원자력발전, 조력발전, 풍력발전, 지열발전, 태양열발전 등으로 구별됩니다.

수력발전은 물이 가지고 있는 위치에너지를 운동에너지로 변환시키고, 이 운동에너지를 다시 전기에너지로 변환시키는 발전 방식입니다.

미국 와이오밍 주에 있는 수력발전소. ⓒ Wusel007@the Wikimedia Commons

수력발전은 자연 조건을 이용하는 것이기 때문에 물의 높낮이와 양에 따라 발전소의 크기는 물론이고 그 모습도 다양합니다. 수력발전소를 건설하면 전기를 생산하는 데 드는 비용도 적고 공기 오염도 없다는 장점이 있어요. 하지만 건설할 때 제한적인 요소가 많고, 건설비도 많이 든다는 단점이 있습니다.

풍력발전은 풍차를 이용해 바람의 운동에너지를 전기에너지로 변환시켜 발전하는 방식을 말해요. 전력선을 공급할 수 없는 도시에서 멀리 떨어진 외진 곳이나 섬에서 많이 쓰입니다. 풍력발전소는 수력발전소와는 다르게 건설비와 유지비가 적게 들어요. 하지만 바람이 많이 부는 곳에 건설해야 하는 단점이 있습니다.

조력발전은 밀물, 썰물의 원리를 이용합니다. 밀물 때는 바닷물이 밀고 들어오고, 썰물 때는 바닷물이 빠져나갑니다. 바닷물이 이동하는 중간 정도의 위치에 터빈 시설을 세우면, 바닷물의 힘에 의해 터빈이 회전하고 발전이 일어나게 됩니다.

조력 자원은 미래의 중요한 대안 에너지 자원이지만 입지 조건이 까다롭고 시설 기반 비용이 비싸서 현재 실용 가능한 조력발전소를 보유한 국가

조력발전은 밀물과 썰물 때 해수면의 높이 차이를 이용해 위치에너지를 운동에너지로 바꾸어 전기를 생산한다. 기본 원리는 수력발전과 유사하다.

는 세계에서 손꼽을 정도로 한정되어 있습니다. 우리나라의 경우 간만의 차가 큰 서해안이 조력발전에 적합하지만 경제적인 문제로 아직은 연구 단계에 있습니다.

지열발전은 지구의 내부열인 지열로 발생한 증기를 이용하는 발전 방식입니다. 빗물이 땅을 통해 지하로 흘러들어 갈 때, 그 근처에 마그마가 모여 있으면 물의 온도가 높아지겠죠? 이곳에 우물을 파면 물이 고온의 수증기가 되어 뿜어져 나오게 됩니다. 이 증기로 터빈을 돌리는 것이 지열발전이에요. 지열발전은 연료를 필요로 하지 않아요. 연료가 연소할 때 생기는 배기가스를 배출하지 않기 때문에 환경오염이 없는 청정에너지랍니다.

지열발전은 화산 지역에서 절대적으로 유리해요. 조금만 파 내려가도 뜨거운 수증기와 물이 분출되기 때문입니다. 대표적인 나라가 아이슬란드예요. 또 필리핀과 인도네시아, 미국 등의 국가들이 지열발전에 유리한 조건을 갖고 있습니다. 최근에는 땅을 깊이 파 내려가는 기술이 발달하면서 화

땅속에서 나오는 증기나 더운물을 이용하는 지열 발전소. 미국, 이탈리아, 뉴질랜드 등에서 실용화되고 있다.

산 지역이 아닌 곳에서도 지열발전이 이뤄지고 있어요. 하지만 우리나라의 경우 아직까지 온천으로 이용하는 것 외에는 지열에너지를 본격적으로 이용하려는 시도가 이뤄지지 않고 있어요. 백두산과 한라산 지역은 분화 기록이 존재하는 휴화산으로 많은 양의 지열에너지가 존재할 가능성이 있다고 하니, 지열에너지를 활용하려는 시도가 서서히 이루어지기를 기대해 봅니다.

인도 하리아나 주에 있는 태양열발전소.

지구상의 모든 에너지의 근원은 태양이지만 흔히 태양열발전이라고 하면 직접적으로 태양에너지를 이용하는 발전 방식을 뜻해요.

태양열발전을 하기 위해서는 사막과 같은 일조량이 많은 곳에 태양열을 모으는 검은색 판을 설치합니다. 이 검은색 판은 집열판이라고 하는데, 얇은 관이 마치 혈관처럼 미세하게 퍼져 있어서 태양열을 받으면 관이 가열돼요. 관 속을 통과하는 물이 끓으면서 수증기가 되고, 이것이 증기터빈을 돌려 전기에너지를 만들어 냅니다. 태양열발전은 공해가 전혀 없는 청정에너지를 만들어 낸다는 점과 유지비·보수 비용이 적게 든다는 점이 장점이에요. 하지만 처음 설치할 때의 비용이 많이 들고, 일사량이 적은 겨울철에는 불리하다는 단점이 있습니다.

TIP 요건 몰랐지?

# 풍력발전의 장점

어렸을 적 읽었던 동화책 속에 자주 등장했던 나라, 네덜란드를 한번 떠올려 보세요. 아름다운 튤립 사이로 보이는 풍차의 모습, 한가로운 시골의 모습 등이 떠오르지 않나요? 맞아요. 네덜란드는 풍차의 나라로 유명한 곳입니다.

풍력발전은 네덜란드에서부터 시작되었어요. 하지만 현재 풍력발전의 놀라운 성과를 보여 주는 곳은 미국과 중국입니다. 이들 국가는 대규모 프로젝트로 대체 에너지를 개발

하고 있는데, 그중 하나로 풍력발전을 이용한 에너지 개발에 많은 시간과 비용을 들이고 있습니다. 미국은 캘리포니아 동부에서 네바다 주, 애리조나 주에 걸쳐 있는 모하비 사막에 대규모 풍력발전 단지를 구성하고, 세계 각국의 앞선 기술을 다양하게 받아들여 에너지 확보에 힘쓰고 있어요. 실제로 미국을 여행하다 보면 차를 타고 이동하는데도 풍력발전기의 모습을 세 시간 내내 볼 수 있는 곳도 있다고 해요. 그 규모와 크기가 상상을 초월할 정도죠?

바람의 세기가 일초에 평균 4m 이상이면 풍력발전기를 세울 수 있다. 발전기가 클수록, 바람이 강한 곳일수록 유리하다.

이렇게 풍력발전에 많은 돈과 시간을 들이는 이유는 무엇일까요? 비용과 환경오염 등을 고려했을 때 화석연료를 태우는 화력발전에 비해 훨씬 경제적이고 오염 발생도 적기 때문이에요. 또한 화석연료의 경우에는 그 양이 한정적이어서 고갈되면 더 이상 사용할 수 없답니다. 하지만 풍력발전은 지구에 바람이 부는 한 영구적으로 사용할 수 있어요. 따라서 풍력발전은 대체 에너지로서 앞으로 발전량의 상당한 부분을 차지할 것으로 기대되고 있어요. 현재 우리나라는 미국이나 중국 등 앞서 풍력발전을 개발한 다른 국가에 비해 아직 부족하지만 풍력발전의 비중을 계속해서 높여 가는 중이랍니다.

# 물을 끓여 전기 만들기

이번에는 사람이 인위적으로 물을 끓여 전기를 만드는 발전에 대해 알아보겠습니다. 물을 끓이는 방식에 따라 두 가지로 나눌 수 있어요. 물을 끓일 때 불을 지펴서 끓이면 화력발전이라 하고, 핵분열을 일으켜서 물을 끓이면 원자력발전이라고 합니다.

먼저 화력발전은 화석연료를 태우는 방법을 사용해요. 화석연료란 오래전에 죽은 식물이나 동물이 땅에 묻혀서 오늘날 연료로 이용할 수 있는 형태로 변화된 것을 말해요. 석유, 석탄, 천연가스 등이 화석연료에 해당됩니다. 화력발전은 화석연료를 태우면서 나오는 열로 물을 끓여 수증기로 바꾸고 이 수증기의 압력을 이용해 터빈을 돌려요. 그러면 터빈에 연결된 발전기가 전기를 생산하게 되는 것입니다. 하지만 최근에는 화력발전의 사용량을 점점 줄이고 있어요. 화석연료를 태우면서 생기는 나쁜 공기로 인해 환경오염이 심해지기 때문입니다.

석탄, 석유, 천연가스 등을 태운 화력을 이용해 발전하는 화력발전소.

세상에는 많은 힘이 있어요. 그중에서 강하다고 소문난 핵의 힘을 이용한 것이 바로 원자력발전입니다. 원자력발전은 우라늄 및 플루토늄과 같은 광물을 사용해 핵분열을 일으켜 전기를 생산해요. 원자핵이 분열하면 엄청난 에너지가 발생하는데, 이때 발생한 열에너지로 화력발전소처럼 물을 끓여 수증기를 얻고, 이 수증기를 이용해 터빈을 돌려서 전기를 생산하는 것이랍니다.

체코 듀코바니에 있는 원자력발전소.

## Q&A 꼭 알고 넘어가자!

**문제 1** 수력발전이란 무엇이고, 장단점에는 어떤 것이 있는지 각각 말해 보세요.

**문제 2** 풍력발전이란 무엇이고, 장단점에는 어떤 것이 있는지 각각 말해 보세요.

3. 화력발전은 화석연료를 태워서 얻은 열로 전기를 얻는 발전 방식입니다. 화석연료란 오래 전에 죽은 식물이나 동물이 땅에 매몰되어 오늘날 연료로 이용할 수 있는 형태로 변화된 것을 말합니다. 석유와 석탄, 천연가스가 화석연료에 해당됩니다. 화석연료를 태우면서 나오는 열로 물을 끓여 수증기를 만들고, 이 수증기의 압력으로 터빈을 돌리면 터빈에 연결된 발전기가 전기를 생산하게 됩니다.

**문제 3** 화력발전이란 무엇이고, 어떤 방법으로 전기를 만드는지 설명해 보세요.

**정답**

1. 수력발전은 물이 높은 곳에서 낮은 곳으로 떨어지면서 터빈을 돌려 전기를 만드는 발전 방식입니다. 장점은 수력발전소를 건설하면 전기를 생산하는 데 드는 비용이 적고 공기 오염도 없다는 데 있습니다. 단점은 건설할 때 제한적인 요소가 많고 건설비가 많이 든다는 것이에요.

2. 풍력발전은 바람의 운동에너지로 터빈을 돌려서 전기를 만든 발전 방식입니다. 장점은 풍력발전소를 건설하면 발전할 때 비용과 유지비가 적게 든다는 데 있어요. 단점은 수력발전과는 다르게 건설비는 적게 들지만 바람이 많이 부는 곳에만 건설해야 합니다.